信任力

吕洪峰·著

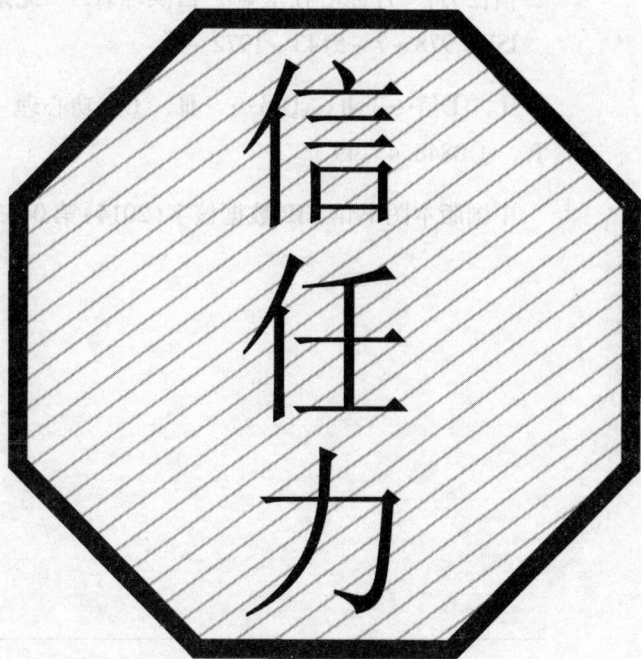

一片冰心在玉壶

朋友之间相处要互相信任

中国出版集团　现代出版社

图书在版编目(CIP)数据

信任力：一片冰心在玉壶 / 吕洪峰著. —北京：现代出版社，2013.11
ISBN 978 - 7 - 5143 - 1972 - 9

Ⅰ. ①信… Ⅱ. ①吕… Ⅲ. ①成功心理 – 通俗读物
Ⅳ. ①B848.4 – 49

中国版本图书馆 CIP 数据核字(2014)第 046378 号

作　　者	吕洪峰
责任编辑	张　璐
出版发行	现代出版社
通讯地址	北京市安定门外安华里 504 号
邮政编码	100011
电　　话	010 – 64267325 64245264(传真)
网　　址	www.1980xd.com
电子邮箱	xiandai@ cnpitc. com. cn
印　　刷	北京兴星伟业印刷有限公司
开　　本	700mm×1000mm　1/16
印　　张	13
版　　次	2019 年 4 月第 2 版　2019 年 4 月第 1 次印刷
书　　号	ISBN 978 – 7 – 5143 – 1972 – 9
定　　价	39.80 元

P 前 言
REFACE

为什么当代的青少年拥有幸福的生活却依然感到不幸福、不快乐？怎样才能彻底摆脱日复一日的身心疲惫？怎样才能活得更真实快乐？

对于每个人来讲，你可能是幸福的、满足的，也可能是不幸福的。因为你有选择的权利。决定你选择的因素只有一点，那就是你是接受积极的还是消极心态的影响。而这个因素是你所能控制的。

你是否觉得烦恼、孤寂、不幸、痛苦？你是否感受过快乐？你是否品尝过幸福的味道？烦恼、孤寂、不幸、痛苦、快乐、幸福，这些都是形容词，而所有的形容词都是相对而言的。没尝过痛苦，又怎知何谓幸福的人生？总是到紧要关头才发现，幸福早就放在自己的面前。人的幸福，是人们对它的理解和感觉所赋予的，其实，幸福与否只在于你的心怎么看待。不幸又岂非人生之必经？有时候很奇怪，每每拥有幸福的时候，人往往不懂得这些就是幸福，总是要到失去以后才发现，幸福早就放在了自己的面前。

肚子饿坏时，有一碗热腾腾的面放在你眼前，是幸福；累得半死时，有一张软软的床让你躺上去，是幸福；哭得伤心欲绝时，旁边有人温柔地递过来一张纸巾，是幸福……幸福没有绝对的定义，幸福只是心的感觉。幸福与否，只在于你的心怎么看待。你要是总感觉自己钱没有别人多，地位没有别人高，妻子没有别人的漂亮，丈夫没有别人的体贴，孩子没有别人的聪明，你能感到幸福吗？

信任力——一片冰心在玉壶

　　越是在喧嚣和困惑的环境中无所适从，我们越觉得快乐和宁静是何等的难能可贵。其实"心安处即自由乡"，善于调节内心是一种拯救自我的能力。当人们能够对自我有清醒认识，对他人宽容友善，对生活无限热爱的时候，一个拥有强大的心灵力量的你将会更加自信而乐观地面对现实，面向未来。

　　本丛书将唤起青少年心底的觉察和智慧，给那些浮躁的心清凉解毒，进而帮助青少年创造身心健康的生活，来解除心理问题这一越来越成为影响青少年健康和正常学习、生活、社交的主要障碍。本丛书从心理问题的普遍性着手，分别描述了性格、情绪、压力、意志、人际交往、异常行为等方面容易出现的一些心理问题，并提出了具体实用的应对策略，以帮助青少年朋友科学调适身心，实现心理自助。

C目　录
ONTENTS

第三章 说到就要做到

第四章 真诚很重要

第五章 勇于担当

第六章　信任是一种力量

第七章　让别人信任你

第八章　种植宽容　收获信任

第九章　用能力让人信服

第十章　为人处事要公正

第十一章　做内心成熟的人

第一章
信任的重要性

　　良好的人际关系有助于形成人的道德情感。我们通过观察就能发现,在相容相近、相亲相爱的人际关系中最易于形成集体主义、利他主义,及善良、热情等高尚的情感。

　　良好的人际关系有利于保持人的心理健康。和谐的人际关系能满足人的精神需求,使人产生积极的自我肯定情绪,这种情绪状态有利于人保持愉快的心境。良好的人际关系能有效地促进活动的顺利完成。在和谐的人际关系中,人们心情舒畅,智力活动得以正常进行。

良好的人际关系

人际关系是人实现社会化的重要手段之一，与个人、社会都密切相关。

首先，良好的人际关系有助于形成人的道德情感。我们通过观察就能发现，在相容相近、相亲相爱的人际关系中最易于形成集体主义、利他主义，及善良、热情等高尚的情感。

其次，良好的人际关系有利于保持人的心理健康。和谐的人际关系能满足人的精神需求，使人产生积极的自我肯定情绪，这种情绪状态有利于人保持愉快的心境。在和谐肯定的人际关系中，每个人都能感觉自己对他人的价值和他人对自己的意义，这对于人的心理健康是很重要的。第三，良好的人际关系能有效地促进活动的顺利完成。在和谐的人际关系中，人们心情舒畅，智力活动得以正常进行。广泛而和谐的人际关系有利于人开阔视野，拓展心胸，扩大选择范围，增进信息来源。第四，良好的人际关系可以提高社会的合作性水平及和谐度，有利于社会的发展和进步。

人能够长期忍受物质上的匮乏，却无法长期忍受精神和情感上的匮乏。人对他人的需要和依赖是远远超过我们每个人自己所了解和想象的程度的。没有他人提供的物质，我们无以为生；没有他人对我们精神上的慰藉，我们会度日如年。对于一个社会来说，后一点尤为重要。我们每个人所渴望的关心和爱护，我们每个人所希冀的理解和友谊，我们每个人所需要的尊重和承认，都只有在他人那里才能得到。没有他人对自己的期待、信赖、友情与尊敬，我们就无从获得我们所需要的安全感、幸福感和成就感，我们的存在也会失去价值和意义。

人为了获得精神和情感上的满足，就要学会与他人和谐相处，要学会调节自己与他人的关系。青少年朋友随着年龄的增长，与外界和他人的交

往也日益增加。形成良好的人际关系,对于青少年身心的健康发展及顺利地迈入成人社会,有极其特殊而又重要的意义。

形成良好人际关系的一个重要条件就是人际信任。人的感情沟通是同质的:爱引起爱,嫉妒引起嫉妒,恨引起恨。这是感情的正相关效应。

由于许多原因,现在很多青少年在人际交往中存在的一个问题就是对他人难以信任,在有些人眼中,社会复杂得就像个大黑洞,你无法看清它的真面目;他人都是心怀叵测,不可相信的。因此,在与人交往中,疑虑重重,唯恐上当受骗。有些居心不良的人固然是要防备的,但毕竟是少数,不能因此连朋友也拒之千里。过分的狐疑、猜忌、不信任,会使人难于交友,无法形成相应的人际关系,在这种氛围中工作学习都会受到影响,个人心理压力也会很大。

但是,有些人容易走极端,在人际交往中对任何人都是以不设防的心态高度信任,这种做法也并不可取。有的人的鉴别能力不是很高,过度的信任他人会使人丧失应有的警惕,使别有用心的人有机可乘。

魔力悄悄话

我们要以爱来唤起爱,以爱来回报爱,以信任来唤起信任,以信任来回报信任。

如何建立信任

无论在父母和子女,还是朋友或是恋人之间,信任是建立良好人际关系最重要的基石。

在日常生活中,建立信任与毁坏信任都是很容易的。如果你总是被"怀疑"所困扰,那么你应该努力去建立信任。

1. 说到做到

建立信任最基础的一步就是:你说过的就一定要做到。即便是一件很小的事情,不管你是没有去做还是没有坚持下来,都可能会失去别人的信任。日积月累,那么信任的基础就崩溃了。

2. 不要说谎

听起来容易? 不一定。想想你为了朋友,爱人,甚至是父母而说的一些善意的谎言(White lie)。有时候如果你讲真话,虽然真相可能并不令人愉快,你也会因此得到更多的信任,人们也会欣赏你的坦诚。

3. 主动提供信息

当一些问题很模糊时,主动把信息讲给对方,证明自己没有什么隐瞒。

打破信任的例子:

"你和律师的会面进展如何?"

"进展不错。"

建立信任的例子:

"你和律师的会面进展如何?"

"进展不错。每天有很大的压力,处理着所有的文件,但是我们双方签署了协议,他说明天就会寄出。"

你说的没有什么两样—和律师的进展不错—但是通过主动提供一些

信息,你可以证明自己没有什么隐瞒。

4. 不要遗漏重要的细节

不要遗漏细节的原因是,你很难与遗漏的一系列事情保持一致。人们会开始注意到你所说的话中的矛盾,并且会认为你是个说谎者——即使你只是遗漏了一点点。

5. 如果你有秘密,就让大家知道

你没必要强迫自己放弃最切身的感受和隐私,只为赢得别人的信任。每个人都有自己的隐私,但是赢得信任的关键是把握好隐私和秘密的界限。

6. 不要掩饰真相

"不要说谎"也可以引申为"不掩饰真相"。有时候为了维护自尊,将事实换一种说法,变成更加好听的说辞,这好像看起来没有什么害处。

例如,一个人不承认他自己破产了,而是对别人说他的信用卡丢失了。信用卡的丢失可能没什么害处,但是一旦真相暴露,或是对方觉察到你说的是谎言,就会破坏信任。说出真相,不要介意代价。

7. 保守别人的秘密

不要说别人的闲话,拨弄是非。不要泄露别人的秘密。

8. 如果你确实撒谎了,就要承认

魔力悄悄话

有时候说谎是不可避免的。最好是尽早的承认你的谎言,解释你的动机。如果你的谎言被识破了,要承认,否则就成了另一个谎言了。

心态决定人际关系

人际交往有三种状态：①单纯人与单纯人最好交往，心态纯真，头脑简单，一般指幼儿至儿童时期，也有天真幼稚的大人，女人多数人存在天真性。心态单一易与人交往；②高度涵养的人与人最好交往。心态至真，内涵博大，正直真诚，无不包容。一般指伟人，人性修养至高的人，心灵高贵的人。这两种心态良好，易与人交往。③心态矛盾，内心冲突，角色对立，混乱无秩的人最不利交往。一般指心态复杂内心不统一的人，情绪变动不断的人，贬低自我而自卑的人，心理不健康，内心不自然，拥有私心的人。心态无真不易与人交往。

人际交往中的态度是一种心理态势。人与人的心态原本对等相同的，因为男人与男人，女人与女人，本性相同，男人与女人，异性相吸，本应该平等相处，以人的平常心态交流。可人的心态转移到个体欲念上，有了分别心，企图心，个人生出了私心，心态变异，有了相处的差距和思想负担。

事实上差距的确存在，都是物质上和精神上的，可人格上应该人人平等的。却很少人相信人格，只相信外界事实，心态为外界事实变动，人性力量变动不定，缺少适度心态。

适度的心态就是把对方视为同等人。视为自己，视为熟人，视为亲人，就能做到轻易自然地以心交往。反之对方做不到这一点，在真理实事上：此人不可信，不值得与此交往。就当着这个人"心怀鬼胎"肯定不是好东西，至少此人没有心灵涵养。

个人的心态决定个人的交往。你有什么心态，就有什么人际关系，你有什么内心涵养，就有什么涵养的朋友，你有什么人性魄力，就有什么人际关系状态。是你的心态决定你的人际关系。那什么心态能保持良好的人际关系状态？其主要有正确心态，容悟心态，无我心态。

正确心态。东方智的《能屈能伸》：公正使人明智；诚挚能使人变得明智，从容也能使人变得明智。公正产生明智，是因为不被私心贪欲遮蔽，诚挚产生明智，是因为没有虚伪烦恼，从容产生明智，是因为不会由于情感的波动导致事理混淆。

成功人士共有品质——正直诚实这四个字使他们不但事业成功，心灵上更成功。他们在公正，诚挚，从容的基础上建立起个人尺度，谋略，信念，从而拥有正确心态。

什么心态是正确心态？①作用目标，共赢目标，信念目标，让人类美好的心态；②容纳内心，感悟心灵，升华精神，善美人生，影响外界的心态；③改变思想，改变行动永续共赢个性市场的心态。

容悟心态。有容才有得，有得才有悟，有悟才有道，有道才有实，有实才有真，容悟循环复始得真实。容悟是一个过程，这个过程缺不了以下七种心态。

1. 归零心态。只有空杯子的心态，才能接受新的思想，知识，信息；

2. 信念心态。只有信以为真，时常想念，才能锁定目标拥有；

3. 容入心态。把适合自己个性的东西（事物），保留在心中慢慢地消化和吸收；

4. 应证心态。把容入内心的事物进行有目的的社会应证，以测定应用能力；

5. 创新心态。个人拥有的事物应用还不够，还要结合个人具体事件，案例，身边的事进行活用，解决实际问题；

6. 悟定心态。在创新后，进行自我反省，领悟事物的本质或内涵；

7. 灵悟心态。长期有目的从事某项活动，以在此中获得灵感顿悟得到新的认识和发现；

无我心态。多数人活在有我的世界中，活着不自然，成功不自然。少数人活在无我世界中，活着自然，成功自然。佛学上，有我不如无我。事实上，无我胜有我。

实践中，当有我改变不了现在，无我轻易改变现在。创造灵感源于无我状态下产生。那什么心态是无我心态？①自然心态。内外一样的心态；②事外心态。不被事物左右受制的心态；③净空心态。内外什么都无的心态；④逆反心态。当时心态的反面心态；⑤包容心态。包涵容纳的心态；⑥博大心态。广博极大的心态；⑦自在逍遥的心态。内心无我，极乐自在的心态。

魔力悄悄话

保持自身的个性，理性，良性，使心灵自由，快乐，充实，富有，共赢，让人生拥抱更高的境界。

做一个有涵养的人

天外有天，人上有人，淡泊明志，宁静致远当别人把你当领导时，自己不要把自己当领导。当别人不把你当领导时，自己一定要把自己当领导。权力是一时的，金钱是身外的。身体是自己的，做人是长久的。

1. 不要盲目承诺

言而有信：种下行动，就会收获习惯。种下习惯，便会收获性格。种下性格便会收获命运——习惯造就一个人。

2. 不要轻易求人

把自己当别人——减少痛苦。把别人当自己——同情不幸，理解需要。把别人当别人——尊重独立性，不侵犯他人。把自己当自己——珍惜自己，快乐生活。能够认识别人是一种智慧，能够被别人认识是一种幸福，能够自己认识自己是圣者贤人。

人本是人，不必刻意去做人。世本是世，无须精心去处世。人生三种境界：看山是山，看水是水——人之初看山不是山，看水不是水——人到中年看山还是山，看水还是水——回归自然。

3. 不要取笑别人

损害他人人格，快乐一时，伤害一生。生命的整体是相互依存的，世界上每一样东西都依赖其他另一样东西，学会感恩。感恩大自然的福佑，感恩父母的养育，感恩社会的安定，感恩食之香甜，感恩衣之温暖，感恩花草鱼虫，感恩苦难逆境。

一伤身体，二伤感情。人与人在出生和去世中都是平等的——哭声中来，哭声中去。往往自己恋恋不舍，而别人早就是去意已决。人生应看三座山：井冈山、普陀山、八宝山退一步，海阔天空，忍一事，风平浪静。牢骚太多防肠断,风物长宜放眼量。

4. 不要信口开河

言多必失,沉默是金。倾听是一种智慧、一种修养、一种尊重、一种心灵的沟通。平静是一种心态、一种成熟。

5. 不要欺负老实人

同情弱者是一种品德、一种境界、一种和谐心理健康,才能身体健康。人有一分器量,便多一分气质。人有一分气质,便多一分人缘。人有一分人缘,便多一分事业。积善成德、修身养性。

魔力悄悄话

帮助人是一种崇高,理解人是一种豁达,原谅人是一种美德,服务人是一种快乐。月圆是诗,月缺是花,仰首是春,俯首是秋。

学会欣赏别人

俗话说:好话不出门,坏话千里行。透过这句话的"罅隙",再联系日常生活,你会发现70%~80%的人总是乐于强调自己的"是",而眼盯别人的"不是"。

"他是个铁公鸡,一毛不拔","她嘛,麻袋子上绣花,底子太差"。说的虽然是事实,但是,他们也有优点呀,如勤奋敬业,如克己奉公,如善于观察问题,咋就没有提到呢?

观看别人,只看到别人的缺点,这说明自己的心态是怎样的呢? 是别人真的这么差呢,还是我们的胸怀完全容不下别人一丁点的好? 别人的成就、别人的完美会威胁到自己吗? 为什么自己总不去看,也不屑提到呢? 如果自己看到的都是有问题的人物,自己本身就没有问题吗? 这样以偏概全,不愿去接受事物的真实面貌,吃亏的是谁呢? 提到自己时,又仿佛害怕别人不知道自己好似的,于是,掩饰缺点,只提优点。这种自欺欺人的态度,对自己是不会有什么好处的。

不会发掘别人好处,是欠缺智慧;不屑赞叹别人,是贡高我慢,心眼闭塞。如果人人眼盯"不是",人们势必会像刺猬一样挤在一起,摩擦多多,关系紧张。生活中许多纠纷和矛盾,都源于人心的狭隘。

人不可能无过,不是原则问题,大可以不去计较。明人吕坤在《呻吟语》中告诫后人:"称人之恶,我有一恶,有何毁焉? 称人之善,我有一善,又何妒焉?"其实,透过人家的不足去发掘优点,这样的生活态度才是具有建设意义的。

欣赏别人,看一个人,能从他的优点上着眼欣赏,把人家的好处发掘出来,我们的人生观必将大大的改观,至少,我们会利用别人好的一方面,为自己的生活做借鉴。开放、开发的时代需要宽容的胸襟,更需要人们博采众智,致力于经济建设。因此,欣赏别人,不仅仅是个人修养问题,更是时代赋予的责任。人们期待生活和事业的美景,很大一个方面,就是看自己懂不懂得欣赏别人了。

魔力悄悄话

　　人不可能无过,不是原则问题,大可以不去计较。其实,透过人家的不足去发掘他们的优点,这样的生活态度才是具有建设意义的。

看清别人 认识自己

一个青年去请教禅师如何做人。

禅师说道:"你看看我,再看看自己,就知道怎样做人了。"

青年问道:"我怎样看您呢?"

禅师说道:"你看我有几个脑袋、几只眼睛、几只耳朵、几个鼻子、几张嘴巴、几只手、几条腿?"

青年说道:"大师,每个正常人都有一个脑袋、两只眼睛、两只耳朵、一个鼻子、一张嘴巴、两只手、两条腿,您也是一样的呀!"

禅师问道:"脑袋、眼睛、耳朵、鼻子、嘴巴、手、腿,它们主要是用来干什么的呢?"

青年说道:"脑袋主要是用来思考,眼睛主要是用来看,耳朵主要是用来听,鼻子主要是用来呼吸,嘴巴主要是用来吃饭与说话,手主要是用来拿东西,腿主要是用来走路。"

禅师说道:

"脑袋长在人的头上,人是用脑来思考天地万事万物的,人首要的是用脑来生活,脑袋主宰人的一生,人只有一个脑袋,人凡事必须三思而后行,谨言慎行,才能把握人生。

"人有两只眼睛,它们都是平行的,它告诉我们应该平等看人,平心看物,人必须睁开眼睛,眼看四面八方,才能看清天地世界。

"人有两只耳朵,一只长在左边,一只长在右边,它提醒我们要倾听正反两方面的声音,不能偏听偏信一面之词,方能正确理会人间世界。

"人有一个鼻子、两个鼻孔,人依靠它来呼吸天地间新鲜空气,释放自己心灵的废气。

"人有一张嘴巴,它不仅用来吃饭,而且用来说话;人必须吃尽人间酸甜苦辣,才能享受真正的人生;同时病从口入,祸从嘴出,它警示人说话要慎重,做人要稳重,方能四平八稳。

"人有两只手,一只手用来劳动创造,一只手用来抓住拥有,人要把握机遇,抓住时光,创造财富,才能拥有美好人生。

"人有两条腿,人不仅要走前人走过的路,更重要的要开创自己的人生之路,人生的前景才会宽广辽阔呀!"

青年心情舒畅道:"大师,听了您这番教诲,我真是茅塞顿开啊!"

禅师却平静地问道:"你刚才能够看见我的外表,现在能否看到我的内脏?"

青年如实回答道:"不能。"

禅师神情庄重道:

"我有一个心脏,它有两个心房,它时时刻刻提醒我——凡事不仅要为自己着想。而且也要为他人着想,才能心想事成;

"我有两叶肺,它告诉我在世上要广泛地与人交心通气,才能心平气和、遂心如意;

"我有一个胃,它既要吸收美好的东西,也要消化不良的东西,才能健康成长;

"我有不少弯弯曲曲的肠子,它启示我人生的路曲曲折折,凡事不畏曲折,才能走向远方;

"我内脏还有很多重要组成部分,它们是我生命中不可或缺的东西,它们昭示我——生命中的每个人都是我的可贵之人。"

青年欣喜若狂道:"大师,你这深入浅出的解说,真让我受益匪浅。"

禅师依然沉稳平和地问道:"你能够看到我的模样,现在能否看清自己的模样?"

青年诚实回答道:"不能。"

禅师说道:"是呀。人可以看到别人的表面,却很难看清别人的内心;你能够看到别人的模样,却很难看清自己的模样,做人不容易呀!"

青年问道:"大师,你刚才给我讲了很多做人的道理,你能否告诉我做人最重要的是哪一点呢?"

　　禅师说道:"我开始不是就告诉你了吗?"

　　青年问道:"您告诉我什么呢?"

　　禅师说道:"你看看我,再看看自己,就知道怎样做人了。"

　　青年恍然大悟道:"是呀。看清别人,认清自己,认真做人,方能智慧一生。"

魔力悄悄话

　　人可以看到别人的表面,却很难看清别人的内心;你能够看到别人的模样,却很难看清自己的模样,人要把握机遇,抓住时光,创造财富,才能拥有美好人生。

不要轻易指责别人

每个人都不是完美的人,因此也不要用完美的标准去衡量他人。每当你忍不住要批评别人时,先想一想自己在这种情况下会怎样做。

一只小猪、一只绵羊和一头乳牛,被关在同一个畜栏里。

有一天,牧人捉住小猪,小猪大声号叫,拼命反抗。

绵羊和乳牛讨厌它的尖声号叫,便说:"他常常捉我们,我们都没有大呼小叫过。"

小猪听了回答:"捉你们和捉我完全是两回事。他捉你们,只是要你们的毛和乳汁,但是捉住我,却是要我的命呢!"绵羊和乳牛听了,都默默不作声了。

立场不同或所处环境不同的人,很难了解对方的感受。所以,对他人应怀有关怀、了解的态度,不可随意指责批评。

《圣经》里说过这么一句话:不要批评别人,免得将来也被别人批评。人各有别,不了解对方,就不能站在对方的角度去看问题,误会就是这样产生的。

批评一出口,就意味着伤害。

如果你经常批评别人,为什么不试着多赞美别人?

在我们的生活中,有这样一些人他们或许真的十分优秀,可是他们却喜欢指责别人,让人感觉谁也没有他们做得好,是一个完美主义者的形象。

其实仔细想想,任何人都有自己的缺点,任何人都会犯错误,我们只能要求自己把事情做得尽善尽美,我们只能要求自己尽量不犯错误,人人都希望自己是最棒的,可是人需要充分的认识自己,了解自己的优点,认识自己的不足。

即使自己很优秀也不必轻易的指责别人，人人都希望得到别人的肯定。

人与人之间是有区别的，有的人智商高，有的人情商高，我们需要改变自己，但是有些是既定的事实，是无法改变的，我们能够做的，只是严格要求自己。

任何人都不必让自己处在高高在上的位置，人人都有尊严，人人都希望自己活得有尊严。

我们换位思考，别人来指责你，你也会不开心，而别人赞美你，你一定会快乐，这是人的正常心理，不必惊讶，如果你觉得自己的确很优秀，你可以真诚的帮助别人，那样别人会感激你，你的心里会有不同的感受，这样大家的心情会很好，在这样的情形下，大家和谐相处不是一幅很美的画面？请别再指责别人。

孔子认为，严己宽人是对自己要求严格，对别人宽容大度，这样的人才可以远离怨恨。

圣贤区别于普通人的重要一点就是以责人之心责己、以恕己之心恕人。

当我们看到别人的优点时，应该努力学习；看到别人的缺陷，则应该反思。

不要以为家里有两个破钱就装大手儿，以为自己很牛么？请问一下，那是你们自己挣的钱么？

那是你父母辛辛苦苦挣的血汗钱好不好？你们要有本事自己挣去呀！

在我们的生活中，有这样一些人他们或许真的十分优秀，却喜欢指责别人，让人感觉谁也没有他们做得好。

其实仔细想想，任何人都有自己的缺点，任何人都会犯错误，我们只能要求自己把事情做得尽善尽美，要求自己尽量不犯错误。

人需要充分认识自己，了解自己的优点，认识自己的不足。即使自己很优秀也不必轻易指责别人。

我们能够做的，只是严格要求自己，不必把自己摆在高高在上的位置，人人都有自尊,人人都希望自己活得有尊严。我们换位思考,别人来指责你,你也会不开心,而别人赞美你,你一定会快乐。所以,不要轻易指责别人的错误。

魔力悄悄话

不要批评别人,免得将来也被别人批评。人各有别,不了解对方,就不能站在对方的角度去看问题,误会就是这样产生的。

一种高尚的情感

我们生活在一个拥有不同观念的世界里,并且继续用我们的观念创造世界。无论是坚守信念,还是相互信任,他们都具有改变世界的力量。让我们的心再坚强一点吧,用信念来打造它,支撑它,让它绽放得更加美丽。

信念是什么?

信念是对某些事情具有把握的一种感觉。凭借着这种把握的,人会受到情感激发产生的一种力量,这种力量可以使人在黑暗中不停止摸索,在失败中不放弃奋斗,在挫折中不忘却追求。在它面前,天大的困难微不足道,无边的艰险不足为奇。

信念在我们的生活中无处不在,比如,一个人相信自己会成功,这可能是源于自己的生活经历所做出的判断,但是一旦遇到没有料想的困难,支撑信念就会变成没有基座的空中楼阁,岌岌可危,想要再次依据现实判断是不太可能了,唯一可行的方法就是竭尽全力依靠原有的情感或意志维持它,直到再次有了成功的希望。

信任是什么?

信任是一种态度,是由宽容和淡定练就的。如果说信念是成功的基础,信心就是成功的催化剂,那么信任就是成功的桥梁。信任是人与人之间的一种基本关系,是相信某人在某事上的处理能力。人可以利用这种关系来获得知识,体验和认可,传递思想,形成协作关系。信念是相信自己,是内在的坚守;而信任却不同,信任是相互的,是对他人言行的反应。善良的人比邪恶的人更容易给予他人信任,那是因为他们本性纯洁与宽容;勇敢的人比胆怯的人更容易给予他人信任,是因为他们坚毅而淡定。

信任是连接人与人之间的纽带,一个人自身之间无法谈及信任,同样,我们也不会信任一棵树，一块石头，而是一个有血有肉的人；无论何时，我们都应该信任共事的人，除非我们能够证实某个人不值得我们信任；我们也有权力受到每个人的信任，除非我们被证实了不值得别人信任！所以我们应该珍惜并善待我们所拥有的信任，因为一旦由于我们自身的原因使得我们不值得被信任，那么一切都晚矣！

　　信任是一种有生命的感觉，信任也是一种高尚的情感，信任更是一种连接人与人之间的纽带。你有义务去信任另一个人，除非你能证实那个人不值得你信任；你也有权受到另一个人的信任，除非你已被证实不值得那个人信任。

魔力悄悄话

　　我们应该珍惜并善待我们所拥有的信任，因为一旦由于我们自身的原因使得我们不值得被信任，那么一切都晚矣！

学会尊重

真诚既是对别人的尊重，也是对自己的负责。敷衍和欺骗别人，可能一时能得到一些好处，但长此以往，你的信誉度会降到谷底，别人不再愿意与你这样的人打交道。只有以诚待人，才能换来别人的真心回报。真诚既是对别人的尊重，也是对自己的负责。

有个发生在美国的真实故事。

在一个风雨交加的夜晚，一对老夫妇走进一间旅馆的大厅，想要住宿一晚。但饭店的夜班服务生说："十分抱歉，今天的房间已经被早上来开会的团队订满了。若是在平常的日子，我会送二位到附近的旅馆，可是我无法想象你们要再一次地置身于风雨中，你们可不可以住在我的房间呢？它虽然不是豪华的套房，但是还是蛮干净的，因为我要值夜班，所以我可以在办公室休息。"这位年轻人很诚恳提出这个建议。老夫妇大方地接受了他的建议，并对造成的不便向服务生致歉。第二天雨过天晴，老先生前去结账，柜台前仍是昨晚的这位服务生，他依然亲切地表示："昨晚你住的房间并不是饭店的客房，所以我们不会收你的钱，只希望你与夫人昨晚睡得安稳！"老先生点头称赞："你是每个旅馆老板梦寐以求的员工，或许改天我可以帮你盖栋旅馆。"几年后，这个服务生收到一封挂号信，信中说了那个风雨夜晚所发生的事，另外还附了一张到纽约的往返机票，邀请他到纽约一游。在抵达曼哈顿几天后，服务生在第5街及34街的路口遇到了当年的旅客，这个路口正矗立着一栋华丽的新大楼，老先生说："这是我为你盖的旅馆，希望你来为我经营，记得吗？"这位服务生无比震惊，说话突然变得结结巴巴："你是不是有什么条件？你为什么选择我呢？你到底是谁？""我叫威廉·阿斯特，我没有任何条件，我说过，你正是我梦寐以求的员工。"这旅馆就是纽约最知名的华尔道夫饭店，这家饭店在 1931 年启用，是纽约极致尊荣的地位象征，也是各国的高层政要造访纽约下榻的首选。当时接下这份工作的服务生是乔治·波特，一位奠定华尔道夫纪世地位的推手。是什么让这位服务生改变了他事业生涯的命运？毋庸置疑的是他遇到了"贵人"，可是如果当天晚上他没有那样真诚地对待老夫妇，还会有这样的结果吗？

日本著名企业家吉田忠雄在回顾自己的创业成功经验时说过，为人处事首先要诚信，以诚待人才会赢得别人的信任，否则一切都是无根之花，无本之木。

人生充满了许许多多的机缘，每一个人都可能将自己推向一个高峰。所以我们不要轻视任何一个人，也不要疏忽任何一个可以助人的机会，学习对每一个人都热情相待，把每一件事都做到完善，对每一个机会都充满感激。要知道，能够以诚待人的我们就是自己最重要的"贵人"。

魔力悄悄话

只有以诚待人，才能换来别人的真心回报。真诚既是对别人的尊重，也是对自己的负责。

第二章
与人相处的哲学

　　人和人相处，都要以一个平常的心态来对待，要时刻想到，这个世界上离了自己照常运行，谁离了我都能活；反过来，自己离了别人就难以生存，日复一日，年复一年的重复内容，面对的是我所有的朋友，与他们相处，我很开心。所以我们要想快乐生活，开开心心过好每一天，就应该与人和睦相处，多一点宽容，多一分理解，多一分关怀。做事即做人。人生在世，无论做什么事，都注重做事的精神意义，通过做事来提升自己的精神世界，始终走在自己的精神旅程上，只要这样，无论做什么事都是有意义的。

做人与做事

人活世上，第一重要的还是做人，懂得自爱自尊，使自己有一颗坦荡又充实的灵魂，足以承受得住命运的打击，也配得上命运的赐予。倘能这样，也就算得上做命运的主人了。

人生在世最重要的事情不是幸福或不幸，而是不论幸福还是不幸都保持做人的正直和尊严。

做人比事业和爱情都更重要，不管你在名利场和情场上多么春风得意，如果做人失败了，你的人生就在总体上失败了。最重要的不是在世人心目中占据什么位置，和谁一起过日子，而是你自己究竟是一个什么样的人。

孔子说："三十而立。"一个人在进入中年的时候，应该确立起生活的基本信念了。

所谓生活信念，第一是做人的原则，第二是做事的方向。也就是说，应该知道自己在这个世界上要做怎样的人，想做怎样的事了。

当然，"三十"不是一个硬指标。但是，"立"与不"立"是硬道理，无人能够回避。一个人有了"立"，才真正成了自己人生的主人。

做人最重要的是诚实地面对自己，在自己良心的法庭上公正地审视自己，既不护己之短，也不疑己之长，从而对自己有一个清楚的认识。这是一种巨大的精神力量，足以使人哪怕在全世界面前坦然承认自己的错误，也淡然面对哪怕来自全世界的误解和不实的责骂。

做事即做人。人生在世，无论做什么事，都注重做事的精神意义，通过做事来提升自己的精神世界，始终走在自己的精神旅程上，只要这样，无论做什么事都是有意义的，而所做之事的成败则变得不很重要了。

做事有两种境界。一是功利的境界,事情及相关的利益是唯一的目的,于是做事时必定会充满焦虑和算计。另一是道德的境界,无论做什么事,都把精神上的收获看得更重要,做事只是灵魂修炼和完善的手段,真正的目的是做人。正因为如此,做事时反而有了一种从容的心态和博大的胸怀。

从长远看,做事的结果终将随风飘散,做人的收获却能历久弥新。如果有上帝,他看到的只是你如何做人,不会问你做成了什么事,在他眼中,你在人世间做成的任何事都太渺小了。

人生在世,既能站得正,又能跳得出,这是一种很高的境界。在一定意义上,跳得出是站得正的前提,唯有看轻沉浮荣枯,才能不计利害得失,堂堂正正做人。

如果说站得正是做人的道德,那么,跳得出就是人生的智慧。人为什么会堕落?往往是因为陷在尘世一个狭窄的角落里,心不明,眼不亮,不能抵挡近在眼前的诱惑。

佛教说"无明"是罪恶的根源,基督教说堕落的人生活在黑暗中,说的都是这个道理。相反,一个人倘若经常跳出来看一看人生的全景,真正看清事物的大小和价值的主次,就不太会被那些渺小的事物和次要的价值绊倒了。

有的人一有机会就不失时机地暴露其卑鄙的人格。

比如哪怕只是做了一个办事员,手里有了一点小小的权力,他就立刻露出丑恶的嘴脸,即使你去办一个正常的手续,他也会百般刁难,以显示他的重要。

权力是人品的试金石,权力的使用最能检验出掌权者的人品。恶人几乎本能地运用权力折磨和伤害弱者,善人几乎本能地运用权力造福和帮助弱者,他们都从中获得了快乐,但这是多么不同的快乐,体现了多么不同的人品啊。

一切世俗的价值,包括权力、财富、名声等,都具有这样的效应,彰显了乃至放大了其拥有者的善和恶。

天赋,才能,眼光,魄力,这一切都还不是伟大,必须加上真实,才成其伟大。真实是一切伟人的共同特征,它源自对人性的真切了解,并由此产生一种面对自己、面对他人的诚实和坦然。

精神上的伟人必定是坦诚的,他们足够富有,无须隐瞒自己的欠缺,也足够自尊,不屑于用做秀、演戏、不懂装懂来贬低自己。

魔力悄悄话

人生在世,无论做什么事,都注重做事的精神意义,通过做事来提升自己的精神世界,始终走在自己的精神旅程上,只要这样,无论做什么事都是有意义的。

相处的平常心态

人和人相遇:靠的是一点缘分,人和人相处:靠的是一份诚意,人和人相爱:靠的是一颗真心。

无论在现实生活中,还是在虚拟的网络世界里,每个人必然都要和他人相处,这是融洽人际关系的一个具体体现,也是良好人际交往能力的再现。

人与人相处是一门学问,也是一种艺术,在这个大千世界里,与人相处方式方法各自不同。

在交往中:有的人为人厚道;有的人为人直爽;有的人为人大方;有的人为人小气;有的人为人阴险;有的人为人奸诈;有的人待人苛刻;有的人就很宽容;有的人与人为善,待人友好;有些人小肚鸡肠,吹毛求疵,总觉得别人什么都不是……

总之,人们的处世哲学不一,所形成的处人方式不同,其结果也就不同。

与人相处,"豁达"很重要,它意味着风度,胸怀和气质。是学问和才能的象征,也是知识渊博的体现,遇事存一分豁达,可以使人彼此认同和理解,也会使人自责和忏悔。

人的一生只是弹指一挥间,每个人在这个世界上生存能有多少年? 不就是几十年。

我们与他人相处的时间也是很短暂的,在这样一个短暂的相处日子里,我们应该珍惜,我们多看看别人的好处,对别人要宽容一点,善意理解一点,要求少一点,那么我们还有什么不开心的呢?

人和人相处,都要以一个平常的心态来对待,要时刻想到,这个世界上离了自己照常运行,谁离了我都能活。

反过来,自己离了别人就难以生存,日复一日,年复一年的重复内容,面对的是我所有的朋友,与他们相处,我很开心。

魔力悄悄话

我们要想快乐生活,开开心心过好每一天,就应该与人和睦相处,多一点宽容,多一分理解,多一分关怀。家庭是这样,邻里也是这样。

好情绪带来好运气

在与人交往的过程中,表情是最常见的一种沟通方式,也是最能暴露一个人此时此刻的精神面貌以及思想活动的神秘工具。表情可以分为面部表情、语言声调表情和身体姿态表情这三个部分。而面部是最有效的表情器官,不但影响着我们的人际关系,与人沟通的效果,更直接影响着我们的运势。

相貌是天生的,但并非一成不变。我们经常发现一个人几年不见,再见到的时候人还是那个人,但又觉得哪里不一样了,所谓相由心生就是这个道理。先天的相貌可以通过整形、化妆等手段来改变,但其实更简单的方法是通过表情来改变。

先看眼睛,命理学认为,入眠时,神藏于心;醒来时,神就体现在眼里。因此,观眼之好坏,可知人的吉凶善恶。通常而言,眼珠黑亮,聪慧不疑;眼珠外露,可能短寿;眼怒而凸,此人苦楚……这些都是天生的,难以改变,但我们可以调整眼睛的表情。游移的眼神表示无主见,无神、空洞等眼神都会败运。还有眨眼,如果是个小孩子调皮的动作,这便是纯真、好奇、逗弄的象征;但一个成年人,眨眼便是虚伪的表现,尤其正在与某人说话时不停地眨眼,便表明此人在说谎,或者说的是违心话,不足以为信。我们可以训练眼神和顺、专注,来锁住运势。

再看嘴。俗话说"嘴大吃四方",反映出嘴大的人有福分,嘴大的人能说会道,如果嘴角再微向上翘一点儿,这样的人更容易在事业上取得成功。如果你的嘴不大,又没有微微上翘,也没关系,只要勤于练习微笑,让自己的微笑来改变运势。一个微笑时嘴角上弯如弓的人,能位居要职。而微笑时嘴角下塌,其性格便偏于抑郁、悲观、情急、脾气古怪、易怒、固执,一生财运平平。还有一种人，闲来无事喜欢咧嘴，这是个令人运势下沉的特质。

总的说来，一个人平常的表情一定要中正平和、安详疏朗，这样才会有好运气。

你平常在街上看到的那种要么看上去总是在生气，要么看上去总是在哭，要么看上去好像惊慌失措的长相，那都不是能带来好运的表情。这是从命理学上来说的，有人可能会视为迷信，其实这和心理学、成功学是相通的。命理上好运的表情，都是自然放松的表情，或者是面带微笑、眼神和善的，这样一个看起来慈善、温和的人，一定是个容易亲近的人。而平易近人、和蔼可亲的人，肯定更受欢迎，人际关系更好，贵人挡都挡不住，其运势定会比一脸阶级斗争表情的人要好得多。

魔力悄悄话

我们不但要关注内心修养，更要时时关注我们这张脸上被人一览无余的表情，想要好运，先从改变自己的内心、改变自己的表情开始。假以时日，红运当头便是你日常生活中最常见的奇迹！

与人为善的积极意义

劝人向善似乎大有禅意，其实这是一个对于个人很功利，对于社会很功德的现实问题，每个人都要面对。与人为善，面对别人，也面对自己的内心，用与人为善自律、自省，追求和谐和美好，是一种大境界。

如何与人为善？其实很简单：就是要善待他人。多一点谅解、宽容和理解，少一点苛求与责难；多一点爱心，少一些冷漠；多一些欣赏，少一点"气人有笑人无的浅薄"。

能够看见别人的优点，并能够欣赏它，赞美它，这是一种怎样的心境啊！能真心祝福别人的幸福也是一种美丽的善良。永远与人为善，我们才能让自己的心境始终保持在愉悦之中。

这样的人，才会有健全的心理和健康的人生。与人为善，自己路宽，如果大家都可以做到这点，就没有了独木桥，大家都可以在阳关大道上阔步前进，达到理想中的状态。

与人为善是一种爱心的体现，也是一种人生智慧，但是它常常放射出比智慧更诱人的光泽。有许多用智慧千方百计也得不到的东西，凭着与人为善却轻而易举就得到了。

与人为善总是一种蕴藏在人内心深处的珍贵的感情，它是对人生的一种理解，对行为的一种负责。

生活中，许多人明知彼此都需要爱的温暖，感情的温馨，但却又常常用无端的猜测将满腔的爱意、友情冰封在坚硬的假面具后面。其实只要你能真正付出你的真诚和善良，那么必定会赢得共鸣，使你从中感受一份温馨和意想不到的收获。

与人为善是做人的一种积极和有意义的行为。它可以为自己创造一个宽松和谐的人际环境,使自己有一个发展个性和创造力的自由天地,并享受到一种施惠与人的快乐,从而有助于个人的身心健康。与人为善可以给我们带来好心情,还可以给我们带来身体上的健康。

现实生活中,有些人不讨人喜欢,甚至四面楚歌,主要原因不是大家故意和他们过不去,而是他们在与人相处时总是自以为是,对别人百般挑剔,随意指责,人为地造成矛盾。只有处处与人为善,严以责己,宽以待人,才能建立与人和睦相处的基础。在很多时候,你怎么对待别人,别人就会怎么对待你。这就教育我们,要待人如待己。在你困难的时候,你的善行会衍生出另一个善行。

与人为善并不是为了得到回报,而是为了让自己活得更快乐。与人为善其实极易做到,它并不要你刻意做作,只要有一颗平常心就行了。你在工作和生活中,无非是想丰富你的生活,实现你的价值。而这所有的一切,归根结底,都来自你是否善待他人。与人为善使你有一种充实感,你知道没有很多人会故意和你过不去。与人为善不仅给你财富,还使你拥有被他人喜爱的充实感。

可见,善待他人是人们在寻求成功的过程中应该遵守的一条基本准则。

在当今这样一个需要合作的社会中,人与人之间更是一种互动的关系。我们去善待别人、帮助别人,才能处理好人际关系,从而获得他人的愉快合作。孟子曾经说过:"君子莫大乎与人为善"。

良好的人际关系不单单是行动上做出来的,更是从心底里流出来的。这句富有哲理的话告诉我们:在人际交往中要以诚待人,用心和他人交往。在追求成功的过程中,任何人都离不开与他人的合作。

尤其是在现代社会里,如果你想获得成功,就应该想方设法获得周围人的支持和帮助。生活就是这样:对人多一份理解和宽容,其实就是支持和帮助自己,善待他人就是善待自己。如同中国有句古语说的那样:授人玫瑰,手留余香。

与人为善是人际交往中一种高尚的品德,是智者心灵深处的一种沟通,是仁者个人内心世界里一片广阔的视野。

与人为善来源于高尚。"人心本善","世界终将大同"。有了这样的情操,人们的行动才有了指南,人生杠杆才有了支点,理想大厦才有了精神支柱。

与人为善来源于自信。无论生活以什么样的方式回报他,他都能应对自如。人们需要善良,世界需要善良,你自己也需要善良。与人为善是一种力量。它能征服人心、征服世界。

和与人为善相对的是与人为恶。与人为恶者把一生的奋斗目标放在损人害人上,或者心胸狭隘,嫉贤妒能;或者疑神疑鬼,坐卧不宁;或者厚颜无耻,卑鄙下流;或者贪婪无度,违法乱纪……由于他们担惊受怕,神经高度紧张,必然导致五行失调,阴阳错乱,如入炼狱,如坠火海,最后的结果便是早衰早亡。而与人为善者经常处在和谐之中,人际平和,心态平和,豁达乐观,无忧无虑,其身必健,其寿自长。

与人为善是一壶洗涤灵魂的净水。与人为善绝不是一种简单的同情心,她是一种无形的相助,一种博大的爱,是一股矫正世俗的春风。道家的始祖老子说得好:"上善若水"。

是的,"水溶万物而不争",与人为善者与水一样能溶解万事万物,化解人间恩仇;"海纳百川,有容乃大",与人为善者能包容一切,气度恢宏,胸怀博大;"水质透明,清澈见底",与人为善者白日为善,夜来省己,心如明镜……与人为善跟水一样精深博大。

善小而为之,善小而不为,受所处环境和心境的影响很大,受个人道德和修养规范的影响很大,受社会整体文明和和谐水平的影响很大。与人为善在脱离了"人之初性本善"的阶段之后,是需要着力培植的。从社会的角度看,对公民公德的要求是对与人为善的规定性培植;从人性的角度看,激发与人为善的情感,是追求心灵美好安宁的有效途径;从人的价值取向看,激励与人为善的追求,是社会和谐的基础;从人的幸福指数来看,与人为善的普及程度越高,人普通的幸福感越强烈。

中国传统文化教人向善的善恶观千百年来一直强烈地霸据着话语权,"从善如登,从恶如崩"一类的教化一代代地传播着。然而对于目前与人为善的一般状态大家却都不很满意。人在日常遇到的普遍问题、矛盾和烦恼中,有一些是原则性很强的,需要认真对待。另一些则是因着人心不善而引发和激化的。这使得我们感受到目前整个社会对与人为善的规定性素质要求的不足,同时也感受到我们个人对与人为善的非规定性修养要求也很不够。

魔力悄悄话

　　与人为善的付出,理应不怀任何目的、不求任何回报,你所付出与人的,不必念念不忘,而你所收获于人的,应当铭记在心,这就是与人为善的胸怀。

学会和不同的人相处

在生活中,我们经常会碰到所谓"难以相处"的人。有的人整天沉默寡言,即使你找话题,他也不搭不理;有的人高高在上,目中无人,似乎对你充满敌意;有的人成天牢骚满腹,怨天尤人;有的人对你的工作吹毛求疵,百般挑剔;有的人浅薄无聊,充满低级趣味……如果和这些人只是偶然相处倒也罢了,问题是有时你会被迫长时间地和他们交往、相处和共事,在这种情况下,你的烦恼是可想而知的,如何对付这些难以相处的人的确可称得上是一门艺术了。

1. 从自己身上查找原因

首先,你必须明确,造成这种困扰是你自己的问题,还是你对别人要求过高所造成的。你可试着同你周围的人交往,看看你所认为的"难以相处者"在其他人眼里是否也是这样。如果别人并没有这样的感觉,那你就要从你自己或你们两个人的关系上找原因。

2. 运用转情法

对于一名真正的难以相处者,你要学会设身处地地了解对方的处境,即运动移情法。你不必同他争执,更不必强迫他去做些什么,而是心平气和地询问他采取这种方式对待别人的原因,在这种情况下,即使你的目的没有达到,也能在一定程度上缓和你们之间的关系。

当然,他提出的原因在你看来可能是十分荒谬的,你也不必马上去反驳他,而是设法从他的言谈中发现某些真实的成分(这是一定有的),这样做,能够进一步缓解你们之间的关系,使双方都觉得心情舒畅。

3. 倾听与沟通

当然,要做到上面这一点并非是一件容易的事。在此,建议你学会采用一些心理咨询专家经常做的一件事,即学会倾听,"听"有时会比成百上千的"说"还要重要。同时,你不可采用适当的方式让他知道,你对他对待你的方式方法感到十分不安,这种方法常能软化难相处者的敌对情绪。如果在这种情况下,对方仍没有领你的情,你可直言向他表白"现在"不是交谈的最好时机,"过一段时间"你们有必要进行更多的交流,并强调,这是你们双方必须做的工作。这样做的目的,是使双方都能得体的从僵局中摆脱出来。

魔力悄悄话

如果能以一种宽容大度的方式对付"难以相处者",那么久而久之,对方也会自觉不自觉地改变他的行为而同你的高水平看齐,这样就避免了很多不必要的麻烦。

低调做人

山不解释自己的高度,并不影响它的耸立云端;海不解释自己的深度,并不影响它容纳百川;地不解释自己的厚度,但没有谁能取代它作为万物的地位……

人生在世,我们常常产生想解释点什么的想法。然而,一旦解释起来,却发现任何人解释都是那样的苍白无力,甚至还会越抹越黑。因此,做人不需要解释,便成为智者的选择。那么在当今社会,与人相处,我认为关键是要学会低调!

低调做人,是一种品格,一种姿态,一种风度,一种修养,一种胸襟,一种智慧,一种谋略,是做人的最佳姿态。

欲成事者必须要宽容于人,进而为人们所悦纳、所赞赏、所钦佩,这正是人能立世的根基。

根基坚固,才有繁枝茂叶,硕果累累;倘若根基浅薄,便难免枝衰叶弱,不禁风雨。而低调做人就是在社会上加固立世根基的绝好姿态。低调做人,不仅可以保护自己、融入人群、与人和谐相处,也可以让人暗蓄力量、悄然潜行,在不显山不露水中成就事业。

学会低调做人,就是要不喧闹、不娇柔、不造作、不假惺惺、不卷进是非、不招人嫌、不招人嫉,即使你认为自己满腹才华,能力比别人强,也要学会藏拙。而抱怨自己怀才不遇,那只是肤浅的行为。

低调做人,就是用平和的心态来看待时间的一切,修炼到此种境界,为人便能善始善终,既可以让人在卑微时安贫乐道,豁达大度,也可以让人在显赫时盈若亏,不娇不狂。

低调也许只是针对为人而已,如果对人生,对事业太低调,会埋没人才。对于事业,应该有崇高的追求和执着的创新,同时,要创造机会展示自己的才华,自己的智慧……为人低调并非是妥协、退让、懦弱,而是一种智慧,一种远见,是一种对人的尊重!

魔力悄悄话

　　低调做人,是一种品格,一种姿态,一种风度,一种修养,一种胸襟,一种智慧,一种谋略,是一种做人的最佳姿态。

时刻为他人着想

叶圣陶先生在教育子女要多为他人着想举过一个例子：一位父亲让儿子递给他一支笔，儿子随手递过去，不想把笔头交在了父亲手里。父亲就对儿子说："递一样东西给人家，要想着人家接到了手方便不方便。你把笔头递过去，人家还要把它倒转来，倘若没有笔帽，还要弄人家一手墨水。刀剪一类物品更是这样，决不可以拿刀口刀尖对着人家。"

是的，在生活中，当我们面对某一问题时，如果仅仅只是从自己的利益得失出发去考虑，而置别人于不顾，往往就会失之偏颇，甚至伤害他人。凡事设身处地，换一角度为他人着想，原本疑惑不解的问题也好，都可能会变得豁然开朗而迎刃而解。为他人着想，本身就是一种修养，是一种素质，更是一种睿智的体现。一个人不要心生嫉妒，不要以小人之心度君子之腹，心善为本。

读过这样一则故事：一个盲人走夜路，手里总是提着一盏照明的灯笼。人们很好奇，就问他："你自己看不见，为什么还要提着灯笼呢？"盲人说："我提着灯笼，既为别人照亮了路，同时别人也容易看到我，不会撞到我，这样既帮助了别人，又保护了自己。"这则故事告诉我们，遇到事情一定要替别人着想，替别人着想也就是为自己着想。替别人着想，是一种胸怀，一种博爱，更是一种境界。

哲学家莫尔在《乌托邦》一书里说过，金银远远赶不上铁的用处大，道理很简单，为他人着想的人，即便自己给出的只是铁，于别人来说则会成为金。正所谓："送人玫瑰，手有余香。"一句真心的话，一个安慰的眼神，也会成为别人成功的动力。为他人着想，其实也是一种责任，也是一点一滴的小事的体现，关心别人，时时为别人着想，在关键之时，伸出援助之手帮助他人,这是每个人应尽的社会责任。要学会把爱送给别人,并以此为快乐。

孔子说过:"己所不欲,勿施于人",意思是说不要把自己不喜欢的事情强加给别人,而是要设身处地地为别人着想,也就是要多为别人着想。所以一个人要学会为别人着想,就好比你种了一盆花,经过细心照料,花儿开了,它回报你的不仅是五彩的斑斓和满目的生机,它带给你的,更是一片春天。所以人活在世上,不要只为自己着想,不要只图自己一时之快,而去伤害别人;不光要有索取,还要有爱心,社会才会变得温馨和美,人与人之间才会显得温暖如春啊!

魔力悄悄话

遇到事情一定要替别人着想,替别人着想也就是为自己着想。替别人着想,是一种胸怀,一种博爱,更是一种境界。

心胸决定气度

为人处事靠自己，背后评说由他人。有时我们太在意耳边的声音，决策优柔寡断，行动畏首畏尾，最终累了心灵，困了精神。就算你做得再好，也会有人指指点点；即便你一塌糊涂，亦能听到赞歌。能够拯救你的，只能是你自己，不必纠结于外界的评判，不必掉进他人的眼神，不必为了讨好这个世界而扭曲了自己。

一个人的胸怀决定了他人生的高度。一个人立身处世，拥有什么样的胸怀，直接决定了其拥有什么样的人生。心有多大，世界就有多大。如果不能打碎心中的壁垒，即使给你整个世界，你也找不到自由的感觉。一个人只有最大限度地扩大自己的胸怀，才能比别人看到更多更精彩的事物，收获更多的美丽。

不会集思广益的人，是一个不明智的人，不论做什么事都难以做成；不善于听取朋友意见的人，是一个刚愎自用的人，终归也成就不了什么事业；如果事事都听取别人的意见，毫无半点自己主见的人，同样也不可能有所作为。实践经验证明的结论是：听多数人的意见，和少数人商量，自己做决定，由繁而简就接近真理。

虚心，就是倒空自己，不能自以为是，要善于倾听和接纳别人的意见；虚心，就是降低自己，不要高高在上，不可一世，也就是别把自己太当一回事；降低自己不是卑微，不是低人一等，不是比谁下贱，而是做人的一种风度，一种雅量，更是一个人的品德。

我们生活在一个五彩斑斓的世界，在这个世界里不光有着美丽的风景，同样也有着不同个性、不同气质、不同人格魅力的人。在漫漫的人生途中，你会相识相遇很多的人，不同的人身上有着不同的品质及魅力，欣赏、喜欢和爱,便成了我们最难把握的尺度。

优秀的人身上会分散着诱人的光彩,他不仅吸引你,同时也吸引着和你同样有着鉴赏能力的人。就像美丽的风景,它的存在不是为了一座山,一片旷野,而是为了整个自然,是为了点缀这美丽的世界,是为了让更多的人去欣赏、去品味、去陶醉其间。

当你用一种平常的心境去认识一个人,结交一个人的时候,你便会没有了一些私情杂念,你们便可以自由随意的交往,心也便会一点点的交融,真正的朋友便会在你欣赏的眼光中向你走来。友情同样是生命中不可缺少的东西,在你拥有了很多真心朋友的时候,你才会觉得生命的快乐。

拥有一个好朋友,比拥有一段感情要平实得多,在人的一生中,每一次用心的投入都是一种伤害。而朋友则不同,你可以在拥有朋友的同时体味到人性的纯美、真情的可贵。友情同样是一种爱,一种更高尚更至诚的爱。

魔力悄悄话

用宽容的心去欣赏每一个人的优点,你会发现世界很美,阳光很灿烂,你的心也会很明媚,你的天空也会变得很蓝。

增强自己的修为

人的一生中，能够立自身根基的事不外乎两件：一件是做人，一件是做事。的确，做人之难，难于从躁动的情绪和欲望中稳定心态；成事之难，难于从纷乱的矛盾和利益的交织中理出头绪。而最能促进自己、发展自己和成就自己的人生之道就是："低调做人，高调做事。"

在低调中修炼自己：低调做人无论在官场、商场还是政治军事斗争中都是一种进可攻、退可守，看似平淡，实则高深的处世谋略。

谦卑处世人常在：谦卑是一种智慧，是为人处世的黄金法则，懂得谦卑的人，必将得到人们的尊重，受到世人的敬仰。

大智若愚，实乃养晦之术："大智若愚"，重在一个"若"字，"若"设计了巨大的假象与骗局，掩饰了真实的野心、权欲、才华、声望、感情。这种甘为愚钝、甘当弱者的低调做人术，实际上是精于算计的隐蔽，它鼓励人们不求争先、不露真相，让自己明明白白过一生。

平和待人留余地："道有道法，行有行规"，做人也不例外，用平和的心态去对待人处事，也是符合客观要求的，因为低调做人才是跨进成功之门的钥匙。

时机未成熟时，要挺住：人非圣贤，谁都无法甩掉七情六欲，离不开柴米油盐，即使遁入空门，"跳出三界外，不在五行中"，也要"出家人以宽大为怀，善哉！善哉！"不离口。所以，要成就大业，就得分清轻重缓急，大小远近，该舍的就得忍痛割爱，该忍的就得从长计议，从而实现理想，成就大事，创建大业。

毛羽不丰时，要懂得让步：低调做人，往往是赢取对手的资助、最后不断走向强盛、伸展势力再反过来使对手屈服的一条有用的妙计。

在"愚"中等待时机：大智若愚，不仅可以将有为示无为，聪明装糊涂，而且可以若无其事，装着不置可否的样子，不表明态度，然后静待时机，把自己的过人之处一下子说出来，打对手一个措手不及。但是，大智若愚，关键是心中要有对付对方的策略。常用"糊涂"来迷惑对方耳目，宁可有为而示无为，万不可无为示有为，本来糊涂反装聪明，这样就会弄巧成拙。

主动吃亏是风度：任何时候，情分不能践踏。主动吃亏，山不转水转，也许以后还有合作的机会，又走到一起。若一个人处处不肯吃亏，则处处必想占便宜，于是，妄想日生，骄心日盛。而一个人一旦有了骄狂的态势，难免会侵害别人的利益，于是便起纷争，在四面楚歌之中，又焉有不败之理？

为对手叫好是一种智慧：美德、智慧、修养，是我们处世的资本。为对手叫好，是一种谋略，能做到放低姿态为对手叫好的人，那他在做人做事上必定会成功。

以宽容之心度他人之过：退一步海阔天空，忍一时风平浪静。对于别人的过失，必要的指责无可厚非，但能以博大的胸怀去宽容别人，就会让世界变得更精彩。

在多数人眼里，低调的生活态度是没有远大理想，目光短浅，精神颓废，缺乏自信的表现，事实上《生存智慧的诗意拷问》的作者李正兵说："低调不是精神颓废，颓废的人没有追求和理想，面对生活的不幸缺乏必要的意志来改变自己的命运。而在低调者看来，苦难与不幸只是生命航程中必不可少的风景，人的命运掌握在自己的手中，脚踏实地地追求，必将引渡自己抵达圆满的彼岸。

"低调的人也不缺乏自信，只是对自己有一个清醒的认识，不愿为时过早地轻易下结论，不愿对事情的发展进行盲目乐观的估测。

"低调看显示'柔弱'，但是比刚强更有力的生存策略。低调的人表面上常常给人一种懦弱的感觉，但低调绝不是懦弱的标志，而是聪明持久的象征。因为只有低调，才能成大事，铸就辉煌。

"低调的本质是一种宽容。低调者首先放弃显耀自己，不愿将自己强过别人的方面表现出来，这是对其他人的一种尊重，对不如自己的人的一种理解。

"低调的人相信:给别人让一条路,就是给自己留一条路。"生活中,人们似乎总想寻觅一份永恒的快乐与幸福,总希望自己的付出能够得到相应的回报,然而生活并不像我们想的那样顺畅,当你的努力被现实击碎,当你的心灵逐渐由充满激情走向麻木的时候,你感受到的可能只是深深的苦闷与失望;然而,在低调者看来只是生活对自己的一次拷问。"低调的人比一般人经历更少痛苦的原因在于他们知道如何避免失败,他们不会用种种负面的假设去证明自己的正确。"

总之,低调是一种优雅的气质;保持低调,是对生存智慧诗意拷问,唯其如此,我们才能真正享受生存的快乐。"以退为进,以守为攻。""退一步海阔天空,"山峰之高,是因为它不拒微土;海纳百川,是因为它不拒细流。我们说的低调,实际上是:在条件不成熟时,潜心努力,积蓄能量,蓄势待发。

为下次机遇到来,做准备。这样的低调,是摒弃浮躁的心态,沉入生活的底层,返璞归真,实实在在地做人,勤勤恳恳地做事。这样的低调,是聪明人明智地选择;是普通人正常地生活基调。

商界巨子李嘉诚,在他的儿子李泽楷进入商界时曾有过这样一句训话:"树大招风,低调做人。"可见,成功人士更懂得"风头不可出尽,便宜不可占尽"的道理。所以,他们用低调来保持自己的成功,这可谓是一种聪明的做人哲学。

低调做人是一种姿态,一种风度,一种修养,一种品格,一种智慧,一种谋略,一种胸襟。

低调做人就是用平和的心态来看待世间的一切。低调做人,更容易被人接受。

一个人应该和周围的环境相适应,适者生存。低调做人无论在官场、商场还是政治军事斗争中都是一种进可攻、退可守,看似平淡,实则高深的处世谋略。

曲高者,和必寡;木秀于林,风必摧之;人浮于众,众必毁之。低调做人才能有一颗平凡的心,才不至于被外界左右,才能够冷静,才能够务实,这是一个人成就大事的最起码的前提。高调做事是一种境界，是做事的尺度。高调做事不仅可以激发人的志气和潜能，而且可以提升做人的品质和层次。高调做事也绝对不等于"我尽自己最大努力"去做事，而是应该有一个既定目标。

魔力悄悄话

　　一个人只有有了目标，才有可能全身心地投入，其成事必然顺理成章，其人生必然恢宏壮丽。

第三章 说到就要做到

　　责任感是什么？责任感是指应该做、值得做或有必要做的事情要勇于面对，敢于承担，同时可以不做的事情要也视为自己应该做的事情。

　　我们很多人都或多或少在自己没有把事情做到位，或是做到预期的效果而受到批评，大多数情况下，我们都会认为自己已经尽了力，已经尽了心，效果不好结果不如意都是自身以外的原因而造成的。借口，都是借口，我们都能为自己不能完成的任务找到借口。有责任感的人不会找借口，只会从自身找原因。

对自己讲诚信

试图在竞争激烈的社会中站稳并成就一番大事,什么最重要?

才华? 勤奋? 人际脉络? 都不是。是诚信。

社会是一个大团体。每个圈子都是一个相对独立的小团体。虽然诚信与法律不可相提并论,但无论大团体还是小团体,诚信都是维系其秩序和可持续发展的重要条件。丢失诚信,你将很快失去伙伴,失去朋友,到最后,无人再敢与你共事。

诚信,首先是重承诺,然后要讲诚实,守信用。——不仅对别人必须如此,对自己,亦应该如此。

但太多时候,我们将对自己的诚信忽略掉了。或者说,我们对自己,完全没有诚信可言。理由很简单:因为无人知道。——无人知道,便可以"不讲诚信"。

比如早晨的时候,你计划晚上要去看望一位朋友。但是一天工作结束,你有些累,于是便决定不去。你决定不去,因为你没有跟你的朋友谈及此事。就是说,既然没有对朋友做出口头承诺,也就没有恪守承诺的理由。但是,请注意,心里的承诺,也是承诺。你没有失信于朋友,但是你已经失信于自己。

比如周一的时候,你计划周末去郊区爬山。但到了周末,或因为事情太忙,或因为你的懒惰,你突然不想去了,并将爬山的计划再一次延迟。爬山乃小事,但因为这件事,你将自己欺骗一次。你对自己失去诚信,可是你非常大度地原谅了自己。原谅自己的原因,只因为那完全是你个人的事情。

比如月初的时候,你计划在这个月读完一本书。但是你天天在忙,将读书的时间完全挤掉。或者,即使你不忙,你还有别的安排,比如喝酒、健身、打牌、会友等等。到月底,那本书,仍然被翻在第一页。读书乃小事,但因为这件事,你对自己失去诚信。你对自己失去诚信,可是你并未发觉。

比如年初的时候,你计划做成一件大事。这件事无人知道,这是你的秘密。可是,或因为工作和家庭的琐事,或因为事情的难度,你终没努力去做这件事情。不努力去做这件事情,不仅因为难度,更因为你内心的懒惰。你对自己失去诚信,你却并不以为然。只因为无人知道。

我们常常会批评不讲诚信的人,但事实上,如果仔细回忆,你大约会发现,其实你就是一个不讲诚信的人。因为无人知道你对自己不诚信,所以,你还可以批评别人,鄙视别人,要求别人。

对自己讲诚信,不仅是对你的事业负责,更是对你的人品负责。

魔力悄悄话

诚信是一种习惯,当你屡屡对自己失去诚信,那么,距离你对他人不讲诚信的那一天,也许就为时不远了。

信用是立身之本

信用是一个人的立身之本,守信用也就是守住自己的人品和人格,是以负责任的态度对待自己。

诚信这个词有点抽象,把它拆开更为方便理解;诚实、信任。诚实的道德约束力似乎只限于小孩子,成年人总能找理由违背它;只要实现更好的结果,诚实与否有什么要紧? 这是成年人的聪明,也是成年人的烦恼,机关算尽并不一定能改变结果,反而让人丧失了坦然的快乐,引来诸多瞻前顾后、患得患失。要是一路原本地走下去,会简单许多,也快乐许多。而所谓信任,则是相信别人也同样诚实。

宋濂小时候喜欢读书,但是家里很穷,也没钱买书,只好向人家借,每次借书,他都讲好期限,按时还书,从不违约,人们都乐意把书借给他,一次他借到一本书,越读越爱不释手,便决定把抄下来。可是还书的期限快到了,他只好连夜抄书。时值隆冬腊月,滴水成冰。他母亲说;"孩子,都半夜了,这么寒冷,天亮再抄吧,人家又不是等书看。"宋濂说:"不管人家等不等着看,到期限就要还,这是信用问题,也是尊重别人的表现。如果说话做事不讲信用,失信于人,怎样可能得到别人的尊重?

又有一次,宋濂去远方向一位著名学者请教,并约好见面日期。谁知出发那天下起鹅毛大雪,当宋濂挑起行李准备上路时,母亲惊讶地说;"这样的天气怎能出门呀? 再说,老师那里早已大雪封山了,你这件旧棉袄,也抵御不住山中的寒冷啊!"宋濂;"要是今天不出发就会误了拜师的日子,也就是失约了。失约,就是对老师的不尊重啊。所以风雪再大,我都得上路。"

当宋濂到达老师家里时,老师由衷地称赞说道;"年轻人,守信好学,将来必有出息！"

信用是一个人的立身之本，守信用也就是守住自己的人品和人格，是以负责任的态度对待别人，用严格的要求对待自己。

真正的守信者不轻易许诺。是否许诺，要以能否践约为唯一的衡量标准，所以一旦答应了别人，就一定要做到。

汉朝的季布，以真诚守信著称于世。时人谚云："得黄金百斤，不如得季布一诺。"意思是说，季布许诺的事，比金子还要贵重。后来季布跟随项羽战败，为刘邦通缉，不少人都出来掩护他，使他安全渡过了难关。最后，季布凭着诚信还受到了汉王朝的重用。

魔力悄悄话

"言必信，行必果"，看似简单，做起来并不容易。在践约过程中，会有意想不到的阻力压来，因而守信者就更令人尊敬。

高尚的代价是责任

每一个人都应该有这样的信心：人所能负的责任我必能负；人所不能负的责任，我亦能负。如此，你才能磨炼自己，求得更高的知识而进入更高的境界。

就像丘吉尔曾经说过的那样："高尚，伟大的代价就是责任！"

1920 年，有个 11 岁的美国男孩踢足球时，不小心打碎了邻居家的玻璃，邻居向他索赔 12.5 美元，在当时，12.5 美元是笔不小的数目，足足可以买 125 只生蛋的母鸡！闯了大祸的男孩，向父亲承认了错误，父亲让他对自己的过失负责，男孩为难地说："我哪有那么多的钱赔给人家？"父亲拿出 12.5 美元说："这钱可以借给你，但一年后要还给我。"从此，男孩开始了艰苦的打工生活，经过半年的努力，他终于挣够了 12.5 美元这一"天文数字"，还给了父亲。

这个男孩就是日后成为美国总统的罗纳德·里根。

他在回忆这件事情时说，通过自己的劳动来承担过失，使我懂得了什么叫责任，自己的责任需要自己来承担，我们不仅要有逃避的双脚，还应该有承担责任的双肩。

责任是人的社会性的重要体现，责任意识就是作为现实和确定的我对自身的规定、使命和任务的自觉，责任意识是构架人的重要支撑点，是人生践履的意识前提。

对他人、自己、社会、历史的负责是人对自我的肯定，是人生存、交流、发展的重要的人格品质，也是实现人生意义的重要行为特征。

信任力——一片冰心在玉壶

人只有尽到了自己的责任，对社会和他人做出了贡献时，才能真正领略到人生的尊严和价值，做到了自尊、自爱、自重，并为世人所尊重和敬佩，体现出自己的人生的完美。

魔力悄悄话

对他人、自己、社会、历史的负责是人对自我的肯定，是人生存、交流、发展的重要的人格品质，也是实现人生意义的重要行为特征。

让责任成为习惯

人的知识积累才能使人进步,才能极限突破等等,这些都是习惯性动作、行为不断重复的结果。人们日常活动的90%源自习惯和惯性。想想看,我们大多数的日常活动都只是习惯而已!我们几点钟起床,怎么洗澡,刷牙,穿衣,读报,吃早餐,驾车上班等等,一天之内上演着几百种习惯。然而,习惯还并不仅仅是日常惯例那么简单,它的影响十分深远。如果不加控制,习惯将影响我们生活的所有方面。

19世纪心理学家威廉·詹姆斯(William James)如此写道:"哪怕只有25岁,你也能够在这个年轻的身影上一眼看出未来的推销员,医生,律师,或是首相;哪怕只是一句话,你也能够从中分辨出细微的主观思维模式,以及特定的行为方式。而这些都在表明,他们总有一天逃不过某种命运,就像是衣袖上会出现的褶子一样。我们的性格就像塑料,一旦塑造成形就很难改变,不过,这对于整个社会来说,这也未尝不是件好事。"

责任感

责任感是什么?责任感是指应该做、值得做或有必要做的事情要勇于面对,敢于承担,同时可以不做的事情要也视为自己应该做的事情。

我们很多人都或多或少在自己没有把事情做到位,或是做到预期的效果而受到批评的时候,大多数情况下,我们都会认为自己已经尽了力,已经尽了心,效果不好结果不如意都是自身以外的原因而造成的。借口,都是借口,我们都能为自己不能完成的任务找到借口。

有责任感的人不会找借口,只会从自身找原因。而自身的原因其实大多数是因为没有责任感或是责任感不强,但有时我们自己又是无法确定的。

如何让责任感成为习惯

我们怎样才能有高度的责任感呢？我们每个人都希望自己被别人赞许是一个责任感强的人，的确现在很多会耍小聪明的人在上级领导面前会表现出一副尽心尽职的工作态度从而得到嘉奖或是赞扬，在领导离开后又是另一副工作态度。

有人这样说过，世界上有两种人：空想家和行动者。空想家们善于谈论、想象、渴望，甚至于设想去做大事情；而行动者则是去做！明天是空想家最"强大"的武器；行动者的利器则是今天。明天，既是懒虫们的工作日，也是傻瓜们的改革时，更是凡人们躺着梦想升天的好日子。

真正的责任感只有自己能公正的衡量，所以让我们从每一件小事开始做起，让责任感成为自己的工作和生活习惯。相信这一习惯不仅对目前的工作有益，更会让自己的人生得益匪浅，使我们的人生达到更高的境界。

我们知道，生活总是把那些我们无法控制、更难以预料的事情强加于我们身上。有这么一个笑话我很喜欢："如何让上帝发笑？告诉他你的计划吧。"我们无法掌控发生在我们身上的所有事情。我们能控制的事情只有一件，那就是我们每天怎么做。

不去后悔我们的今天，不去后悔我们的选择，唯有用心的渡过每一天！

魔力悄悄话

我们可以去选择，每天、每月，或是每个时代，我们都在做出行动的选择。问题只是，我们时常是选择"不去选择"。

生命的担当

活着不仅仅只有自己,如果快乐无人分享,那不叫喜悦,快乐与难过是相应而比的,倘若悲伤地时刻有个人拍拍你的肩膀,让你依靠一下,那也是一种快乐的伤感了!生命的责任不是自己想不要就可以抛弃的,没有责任的人生失去了的也就是你活着的意义了,你的快乐没人知道,你的悲伤没人和你一起承受,那么你就是现实世界的纯正意义上的"孤家寡人"!

如果你只是存活在唯你的世界里,如果你只是思考你一个人的人生,如果你只是为你自己而生活,你注定一生只是大海的一滴水,很渺小而毫无光泽,注定要一生卑微罢了!

掐指数数,手上的年轮还有多少,有些事必须想想的,因为我们有这样的责任!你的家人,你的朋友,你需要对他们负责,你也需要对自己的生命负责,这是我们天生带来的使命感,推也推不掉的!我想其实每个人都知道自己所被上天赋予的使命,想完成,只是有些时候因为某些客观的因素阻拦被迫推迟而已,时间没了期限知道自己生命结束的时候才开始后悔莫及!

我们的双手所要托起的不仅仅是我们自己身体,还有我们的家人,甚至是周边的朋友!一个生命,首先,必须要让自己强大才能让他人看得起,也就有能力可以帮助别人,如果连自己都不想帮自己,那再有能力的人也是无法帮助我们的!

在现在的这个世界,生命的自私也是可以理解的,每个人都是有私欲的,我觉得这很正常,如果一个人没私欲那说明这个人没有情感,更别谈责任了!只是这种私欲是否损伤到他人这才最关键!健康的私欲没什么不好!我也是一个有自私情感的人,我也有私欲,因为我也只是一个很普通的人，而且我觉得只要是人就会有私欲！

只要把握的有分寸，正会是因为这样的私欲激励着我们不断地提高自己，不断地完成自己使命感，不断体现出自己生命的责任感！生活其实差不多就是每一天重复着几乎一样的事情，有时候我们会觉得活着真的不知道有什么意思。但必须活着！

我们也不知道自己的未来，因为下一秒的事情谁也无法预料，我们只是告诉我们的心说：我的生命不是只为我一个人，我不是我这条生命权利的主宰，我只是它的一个载体罢了！我的世界不是只有我一个人，我还有的我的家人，还有爱我的所有人！我还有我生命的责任！

像雪花，虽然一片的力量很小很小，但是它尽自己全力向世人展现自己最柔美、最洁白的一面，它将自己生命诠释的唯美而绚烂，它很努力地完成了对自己生命的责任，即使在世人面前舞动的时间很短很短！

像雨，即使一点一滴的降落，但是它洗净了世界的很多污浊，它的心很透明，很纯洁，它让自己埋葬在世界最宽广的怀抱，它永远记得自己出生的地点，它记住了给自己生命的大地，它对生命的责任伴随着自己骄傲的在自己重新还给给自己生命的"人"了！

魔力悄悄话

不一定每个人对生命责任的感悟都一样，但相信所有的人在心底对生命的要求的原则都一样，那就是大家都希望自己的家人活的快乐、幸福！

责任感的建立

追求杰出表现最主要的关键在培养自我价值以及建立你的责任感。责任感是指你是你个人生命的设计师，你是要负完全责任的。假如你对什么事情看不顺眼，是你的责任来改变一切。

在我们成长的旅程中，我们所负担的责任逐渐增多，到成年时我们必须准备好来安排自己的一生，是没有方法可以回避的。所以要对自己说："假如事情是如此，那就是我的责任！"假如你不愿意采取行动来改变它们，你就不要抱怨，单纯地接受它们。

因为当我们是孩子的时候，我们是完全依靠别人而活着，我们采取一种有条件回应模式而生活着。而当我们长大成年呢，我们仍然可能保存着这种凡事依赖别人，凡事找理由的习惯模式。一旦进入了就业市场，我们仍然会期望别人会来照顾我们。**我们总是认为别人应该为我们面临的事情负责，认为政府应该为我们的成长负责。认为配偶应该来照顾我们，认为主管应该来照顾我们，总是想尽办法来逃避责任，不断地找理由、找借口，认为是别人或者其他的情况导致如此。**

其实我们并没有权力来选择是否要负责任，特别是当你18岁以后，你就没有权力来选择所当负的责任。

假如你希望发挥你的潜能，希望变成自己所期望的样式，你必须负起完全的责任，下定决心负起完全的责任。英文字中"责任"是由"反应"与"能力"两个字所组成的。所以当我们能够很有效地面对与反应生活中的种种挑战，就是我们快速成长的时机。

在政治的环境中，假如我们要求政府做更多的事，要政府负责照顾我们，我们几乎是将自己的控制权交给他们。其次在刑事司法系统中，所有罪犯的相同特色是他们拒绝对自己所犯的罪负责。还有在医学界上所面临的病痛，几乎都是起源于心理上的问题，而我们却期待医生要为这些事负责任，将我们治疗好！

魔力悄悄话

假如你希望在生活中做一些改变，要先完全地接受生活中所有的责任。假如事情是如此，那就是我的责任！假如事情是如此，那就是你的责任！……

为他人着想

对别人不感兴趣的人，他一生中的困难最多，对别人的伤害也最大。会说话的人，常常都是最善于说对方感兴趣话题的人；最会办事的人，也常常是那些做了让对方感激或感动的事的人。如果你想让自己说出的话具有价值，能引起共鸣，或者能带来价值，那么你就要记住一条黄金法则，那就是——你想别人如何对待你，你首先就要如何对待别人。你只有从关怀对方的角度出发，多为对方着想，才能赢得对方的信任和认可。我们要获得别人的支持，就必须先去替别人着想，对别人做出自己力所能及的支持，至少要做出关心别人的举动。

奥地利著名心理学家亚佛·亚德勒在著作《人生对你的意识》中有这样一句话："对别人不感兴趣的人，他一生中的困难最多，对别人的伤害也最大。所有人类的失败，都出自这类人。"

比如你是一位推销员，你可能正在为找不到顾客而发愁。那么从现在开始不用着急，只要你对别人真心地感兴趣，在接下来的两个月内你认识的顾客，会比一个要求别人对他感兴趣的人，在两年内认识的人都要多。

会说话的人，常常都是最善于说对方感兴趣话题的人；最会办事的人，也常常是那些做了让对方感激或感动的事的人。

被公认为是"世界魔术师中的魔术师"的赫万·哲斯顿，在他活跃的那个年代，他精彩的表演能让超过六千万的观众买票进场看他的演出。他成功的秘诀是什么？

很简单，就是从观众的角度出发，多为观众着想，懂得表现人性。

哲斯顿对每个观众都表现得真诚地感兴趣。他说："许多魔术师在看到观众时会对自己说："坐在台下的都是一群傻子和笨蛋，我能将他们骗得团团转。"

而哲斯顿却不这样想，他每次在上台时都会对自己说："我得赶紧，因为这些人来看我的表演，是我的衣食父母，是他们让我过上舒服的日子，因此，我要将最高明的手法表演给他们看。"

说话也一样。如果你想让自己说出的话具有价值，能引起共鸣，或者能带来价值，那么你就要记住一条黄金法则，那就是——你想别人如何对待你，你首先就要如何对待别人。你只有从关怀对方的角度出发，多为对方着想，才能赢得对方的信任和认可。

我们要获得别人的支持，就必须先去替别人着想，对别人做出自己力所能及的支持，至少要做出关心别人的举动。

当你能够帮助顾客，为他们提供有价值的信息时，顾客就不会不为你的生意着想。如果你不仅仅是一个推销员，还是对方的顾问时，他们获得了由你提供的可靠消息后，你的生意肯定不会有了这一笔后，从此就不再有下文了。

魔力悄悄话

无论任何时候，要获得对方的认同，就先要为对方着想，关心对方的利益，如此你们才能成为最佳的合作伙伴，获得利润上的双赢。

第四章
真诚很重要

　　信任一个人有时需要许多年的时间。有些人甚至终其一生也没有真正信任过任何一个人,倘若你只信任那些能够讨你欢心的人,那是毫无意义的;倘若你信任你所见到的每一个人,那你就是一个傻瓜;倘若你毫不犹疑、匆匆忙忙地去信任一个人,那你就可能也会那么快地被你所信任的那个人背弃;倘若你只是出于某种肤浅的需要去信任一个人,那么接踵而来的可能就是恼人的猜忌和背叛;但倘若你迟迟不敢去信任一个值得你信任的人,那永远不能获得爱的甘甜和人间的温暖,你的一生也将会因此而黯淡无光。

真诚待人

大多数人都喜欢听好话，希望受到别人的赞赏，这些都是人之常情。但会为人处事的人，此时必然避其锋芒，即使觉得他干得不好，也不会直言相对。生性油滑、善于见风使舵的人，则会阿谀奉承，拍拍马屁。那些忠直的人，此时也许要实话实说，这就让人觉得你太过莽直，锋芒毕露了。有锋芒也有魄力，在特定的场合显示一下自己的锋芒，是很有必要的，但是如果太过，不仅会刺伤别人，也会损伤自己。

怎样做到既表达出我们的真实感受，又不伤害别人呢？

首先，要学会"顺情说好话"。俗话说："顺情说好话，耿直讨人嫌。"其实，现实生活中经常见到"说谎"的人，在忙得不可开交的时候，接到话不投机朋友的电话，偏偏他讲了5分钟还没有放下话筒的意思，于是只好来一招："对不起，我马上就要开会了！"明示对方结束话题，尽管是言不由衷，但于人于己都无害，别人也容易接受。

其次，要学会使用幽默语言。幽默历来是最妙的语言艺术。

一次，著名的德国作曲家勃拉姆斯参加一个晚会，不曾想，晚会上他遭到一群厚脸皮的女人的包围，他边礼貌地应付，边想解脱的办法，忽然他心生一计，点燃了一支粗大的雪茄。很快，有几个女人忍不住咳嗽起来，勃拉姆斯照样泰然地抽他的雪茄。

终于有人忍不住了，对勃拉姆斯说："先生，你不该在女人面前抽烟！"

"不，我想，有天使的地方不该没有祥云！"勃拉姆斯微笑着回答。

勃拉姆斯用幽默的语言，使自己从无奈的纠缠中解脱了出来。

再次，要真诚。真诚并不等于不假思索地将自己的感觉和想法说出来，因为你的感觉是否正确尚是一个需要判断的问题。

在日常生活中，人们对事物的看法都属见仁见智，本无所谓对错。比如个人的衣食住行、穿衣戴帽、兴趣爱好等等。许多自诩为"有话直说""想到什么说什么""直筒子脾气"的人，其实是简单地用自己的观念和习惯去衡量别人的态度与行为，一遇到不对自己胃口的事就立刻去指责别人，实际上这并不是对他人善意的真诚，只是自我不悦情绪的随意宣泄。

中国有句古话叫"不看你说的什么，只看你怎么说的"。同样一个意思，不同的人有不同的说法，不同的说法有不同的效果。与人交流时，不要以为内心真诚便可以不拘言语，我们还要学会委婉、艺术地表达自己的想法。一句话到底应该怎么说，其实很简单，你只要设身处地从他人的角度想想就明白了。

人际交往中的真诚不等于双方直接简单、毫无保留地相互袒露，它要求我们本着善意和理性，把那些真正有益于对方的东西系上美丽的红丝带送给对方。

最后，一定要把握原则。切不可从私利出发，颠倒黑白、混淆是非，否则只能遭受别人的唾弃。

在生活中要做一个真诚的人不容易，因为它来不得半点虚假和功利，需要实实在在地付出、奉献。真诚待人，克己为人的人，也许偶尔会被欺诈，但他们才会真正时时受人欢迎。

魔力悄悄话

面对一个处处为他人着想，绝不为个人利益放弃诚实的人，人人都会真诚接纳他，愿意和他交往。所以，我们要学会体谅他人的心情，并且要做一个真诚的人。

用真诚换真诚

真诚,顾名思义就是真实诚恳。我们与人相处,追求成功,良好的目标和准则应该是为了自己、他人和社会,三者均是获益者。交际的实质是给予和索取。如果属于精神上的给予,没有真诚,别人就不可能得到你的给予;如果是物质上的给予,缺乏诚意,对方只能视作恩赐,可能因出于无奈,不得不接受。社会上不乏虚伪之人。他们把社交的技巧看成是蒙骗对方并谋取私利的一种手段。历史上那些打算给正直的君王戴高帽子的奸臣,正是因为伪装成一副正人君子、心口如一的样子,其见不得人的勾当才能得逞。但是,虚伪、伪装的东西是绝对经不起时间的检验的,迟早会被人所识破。所以,一个人若在说话方面染上了这种毛病,也就注定了他失败的命运。

可以这样说,人的本性是真诚的,虚假是社会对人性的扭曲。由于经济与社会地位的高低不同,有些人以追求名利为目的,当达到这一目的的方式在社交中表现出来时,就造成了虚假。它对被蒙骗的一方会造成较大的损害。一个把自我实现目标放在金钱与权势上的人,虚假几乎是其痼疾。一个以财与势作为社交本钱的人,是绝不会获得别人的真诚的,也绝不可能获得最终的成功。只有真诚待人,才能获得相应的回报。

只有真诚的人,才能得到别人的信任。

谚语说:"真诚贵于珠宝,信实乃人民之珍。"说话真诚的人,能得到别人的信任。

北宋词人晏殊素以说话真诚著称。他14岁时参加殿试,真宗出了一道题让他做。晏殊看过试题后说:"我10天以前做过这个题目,草稿还在,请陛下另外出个题目吧。"真宗见晏殊这样真诚,感到他可信,便赐他"同进士出身"。晏殊在史馆任职期间,每逢假日,京城的大小官员常到外面吃喝玩乐。晏殊因为家贫,没有钱出去,只好在家里和兄弟们读书写文章。有一天,真宗点名要晏殊担任辅佐太子的东宫官,许多大臣不解。真宗对此解释说:"近来群臣经常游玩饮宴,只有晏殊和他的兄弟们闭门读书,如此自重谨慎,正是东宫官合适的人选。"晏殊向真宗谢恩后说:"我也是个喜欢游玩饮宴的人,只是家里穷而已,如果我有钱,也早就参与宴游了。"真宗听了,越发赞叹他的真诚,对他更加信任。

由此可见,真诚,不论对说话者还是对听话者来说,都非常重要。若不真诚待人,等于欺人、愚人,若轻信他人不实之词,可能会耽误大事,造成不良后果。

魔力悄悄话

虚伪、伪装的东西是绝对经不起时间的检验的,迟早会被人所识破。所以,一个人若在说话方面染上了这种毛病,也就注定了他失败的命运。

真诚是信任的桥梁

说话具有真情实感，能够做到平等待人，虚怀若谷，这样的人说的一字一句都犹如滋润万物的甘露，点点滴入听者的心田。

一个人能成功，很多时候并不在于他能滔滔不绝地吹嘘自己，而是他能为他人着想，关心他人的利益，用自己的真诚换来了他人的信任。

真诚是信任的桥梁：以真诚的心才能换取真诚的回报。

其实，在这个世界上并没有绝对的正确和绝对的错误，有的只是一个人所站的立场不同。只有你认为对，这个世界就是对的。因此在生活或工作中，我们要经常站在他人的立场去为他人讲几句话，经常主动地去理解别人，真诚地认同别人的话。即使对方的观点有点不符合事实，我们也不需要仅仅凭借自己的主观意见去指责或说对方的不是。

只有当我们真诚地关注别人时，我们才能获得别人的关注，别人的认可和支持。对方也会为你的真诚所打动，从而愿意接受你。

魔力悄悄话

要经常站在他人的立场去为他人讲几句话，经常主动地去理解别人，真诚地认同别人的话。即使对方的观点有点不符合事实，我们也不需要仅仅凭借自己的主观意见去指责或说对方的不是。

真诚是心灵间的互惠

真诚,是人性中最美好的品质,具有无穷的魅力,一个人能否做到真诚,不仅体现出一个人自身的价值,而且也体现了一个人的人格魅力。

真诚是火,当心与心之间横出樊篱时,它会焚去所有的阻隔,引导心灵共同拥抱美好与真情;真诚是水,当思想里积起种种难以沟通的障碍时,它会洗去一切误解,在不同的思想之间架起一座理解与友爱的彩虹。

人与人相处,最重要的是坦率和真诚,在网上也一样。我比较欣赏朋友间的那种的纯净和坦荡,就像蓝天,晴空万里,像大海,那么宽厚博大!山不在高,有树则名;水不在深,清澈则明;朋友不在多,心诚则行。只有真诚,才能相处;只有真心,才能相知。

无论是在现实中还是在网络上,我们都离不开朋友,我们都渴望拥有知己。因为,在人生的路上,并非到处都充满了掌声和鲜花,并非事事都一帆风顺。在这个复杂纷繁,变幻莫测的世上,一切都在不断地改变,事事茫茫难以自料,人人都有不如意,家家都有本难念的经,不论是男人还是女人,每个人都有烦恼和脆弱的时候。

烦恼需要诉说,痛苦需要流泪,愤怒需要呐喊,委屈需要倾诉,悲伤需要慰藉,这是我们的本色。男人烦恼时会约上朋友举杯消愁,女人痛苦时会在朋友面前涕泪长流,只有在真诚朋友面前,我们才可以痛快哭,痛快笑,痛痛快快地诉说内心的烦恼!

只有面对真诚的朋友,我们才可以淋漓尽致地的表现出喜怒哀乐的情怀。拥有真诚的朋友,比拥有黄金更快乐。因为黄金是有价的,而真情却是无价的,真诚的友情是心灵与心灵的互惠,它比天高,比海深。

朋友能给人力量,朋友能安慰生活,抚平心中的创伤。朋友不仅是心灵的向导,也是温馨的避风港,在真诚的朋友面前,我们可以轻松的喘气,可以自由的呼吸,一颗忧伤和躁动不安的心,也会归于安宁。

用心去对待身边的每一个人,你能从中发现世间的真善美,每一个人善良真诚的一面。世界上并不缺少美,只是缺少发现美的眼睛,用心去体会,用心去发现,你能从人群中得到许许多多不同的美。大千世界,千人各面,或许有许许多多人有各种不同的思想,但他们都会有诸多共同点,这是由于他们所处的环境,社会立场以及自身情感所决定的。但是,美能从一份真诚中获得。

真诚的人能够获得很好的人缘,能够进一步去帮助自己人生事业的成长,真诚的人在做事为人中都会坦诚不讳,他不会虚假。真诚的人会拥有许多知心朋友,能够助他在以后的生活中拥有美好的回忆。一份真诚能够使两个关系即将破裂的人和好如初,一份真诚能够使一个家庭多一份和睦,一份真诚能够使这个社会多一份和谐,一份真诚能使这个世界变得更加美丽。真诚做人,会使人变得很乐观,使人变得微笑,使人心灵变得更美。

魔力悄悄话

一分真诚能够会使两个关系即将破裂的人和好如初,一分真诚能够使一个家庭多一分和睦,一分真诚能够使这个社会多一分和谐,一分真诚能使这个世界变得更加美丽。

带着真诚上路

人与人之间真诚的鼓励是最温暖的话语,它可能成为你记忆中最刻骨铭心的一瞬。它也像一把钥匙能打开困惑者的心扉。真诚虽说不是智慧,但它常常放射出比智慧更诱人的光彩。

只要心是真诚的,在陌生人的眼里也会觅到一份相知的默契与温馨。

其实人类生活是离不开最基本的真诚的,社会是由人构成的社会,人是社会的人。

人与人之间有着千丝万缕的关系,没有谁能脱离其他人而孤立存在。真诚,这也是我们获得人们好感的唯一途径。许多人都会在心中为真诚保留一个最温馨最美丽的位置。

在这个物欲横流急进功利的时代,也许真心常常会遭到误解,真诚常常受到伤害,但是总有一种真心需要受到特别的呵护,真挚而无怨无悔地等待在你的身边,那份情怀,那份真挚,穿越滚滚红尘,渗透岁月的年轮,总会在午夜梦会时深深地感动着自己。

总是相信,在艰苦的跋涉之后,前方总有你执着的目光在等待,彼此映照互相取暖。

现实生活中,不少人在工作中得到朋友、同事的真心帮助、支持,如鱼得水,使他们的事业事半功倍、迈向成功。

我们都知道;真诚已超越了一个人的道德范畴,因为在社会和一些行业中我们很多人因为缺少真诚已经深受其害了。

实践告诉我们拥有真诚,你就拥有了做人的根本,拥有了事业的基点,拥有了成功的条件。我们行走在自己人生简洁的风景中,用真诚单纯的心体验着感受着人间许许多多的世故人情冷暖色调,当一个人以虚假的人格虚假的灵魂虚假的形象虚假的行为在生活中招摇自得时,他最终又能获得多少的敬重和真心相待?记得读过这样一句话:闯荡人生,你只需要带上真诚这个简单的行李就可以上路了。因此可知,真诚是如何的贵重!

魔力悄悄话

　　人世间最可贵的是人与人之间的真诚与情感,用真诚的一把钥匙打开一道紧锁的心灵之门,它会使你畅通无阻。它能助你获得无尽的友爱,找到美满的生活与爱情。

真诚做人　生命无价

　　真诚做人是人的生命一生随时都不可缺少和改变的理念。生活中,无论什么时候我们处于缺吃少穿或者异常艰难困苦的境地,我们也万万不可轻易抛弃最为可贵的真诚做人的为人理念,或者假如我们处于顺境时也更不可随波逐流地偏离真诚做人的生活正道,前者一旦灰心丧气地放弃了真诚做人的理念,就会丧失掉荣耀做人的骨气和乐趣,继而导致不能创造出快乐为人的珍贵生命价值,后者要是心性迷乱地经受不住各种各样的诱惑,就会误入到背离人生正轨的歧途,从而就会断送掉自己光明幸福的大好前程,这两种人同时都会殊途同归地走到为人生命最悲惨可耻的穷途末路,用一个简单的词语来形容概括,那就是"悲哀"。

　　真诚做人就是要竭诚追求真善美地做人和生活,这是为人的生存之志最不可缺少的理想和信念。这种理想和信念是人与人之间相互交流来往心灵互相得以沟通的桥梁,有了它,人与人之间的友谊就不会存在任何不可逾越的鸿沟,没有它,就算本来是一家人的骨肉亲情也会出现不应有的痛苦裂痕。

　　人的一生,心房里必须时常点亮起真诚做人的照明灯,只有这样,我们才能看清脚下坎坷不平的人生漫漫长路应怎样行走,只有这样,生命才能愈活愈精彩,生活岁月的陈酿才会愈来愈浓香。

　　人的一生,极其短暂而宝贵,追求美好幸福和希望的过程却十分艰难而渺茫,倘若忽视了真诚做人的人生美德的修养,就会使我们丧失掉掌控自我命运的主动权,甚至会被动地深陷孤独无助的黑暗危险境地而找不到大美幸福生活的光明出路。

　　真诚做人的美德应从小开始注重培养,要是每一个人的这一为人基础打牢了,生活岁月大地自然就会变得春光明媚、前景无限美好,人类社会也才会有和谐美满的幸福生活未来可言。遗憾的是当今社会的年青一代,有那么一部分人身上很难看到难能可贵的真诚做人的良好品质,这种不良现象的出现,与当今只注重经济文化效益而忽视了传统道德文化教育的社会弊端息息相关,这种恶劣现象要不再加以重视改善,幸福社会的健全发展就只能成为一句空话。

真诚做人乃为人生命的天职所在,不论为官大小还是普通的平民百姓,人人都有责无旁贷的责任和义务,人人都能尽心尽职尽责,则家庭兴盛、社会兴盛、国家兴盛。

人人都能做到真诚做人,则人间就可成其为美丽无比的人间天堂,则祖国的明天才会更其幸福美满,则世界的未来才能愈其大美无限,人类生命世界至此方可当之无愧于宇宙精华中的精华的高雅称号!

魔力悄悄话

真诚做人,才能让我们的人生创造自身的生命无价,世界也才会因有了我们的奉献而呈现出极美愿景。

让真诚永驻

真诚:真实,确实,无虚伪之意。开诚布公,以实就人,以实自就,以真诚待人,以真诚不欺诈成就自己。真诚形容人格,真实诚恳。以德服人者,中心悦而诚服也。予人真心实意,对人坦诚相待,从心底感动他人而最终获得他人的信任。"诚身有道,不明乎善,不诚其身矣"。古人亦有"今臣尽忠竭诚"之境界。

真诚是个人人格力量的体现。古人有"至念道臻,寂感真诚。""卫霍真诚奉主,貔虎十万一身"之说,巴金:"他们坦率、朴素、真诚,毫无等级观念"。诸葛孔明"开诚心,布公道"故有开诚布公之成语。

真诚与诚实、诚信是兄弟,真诚与真挚、真切、诚恳为伴。与虚假、虚伪为敌。

真诚,就是用事实说话,胜于雄辩和恳切。"诚于中,必能形于外"。真诚在内心就是纯净无染,表现于外在就是真实不虚伪、率真自然;真诚自然心怀坦荡,正直无私。因此,真诚的心行就像阳光雨露,能温暖人心,净化心灵。

真诚,体现于家庭就是对父母尊敬感恩与回报,对儿女的挚爱,对爱人的忠贞。"母活一百岁,常忧八十儿"就是真诚最淋漓表现。

真诚,体现于老师就是春蚕到死丝方尽,蜡炬成灰泪始干。把自己的知识真心实意,毫无保留传授予学生。

真诚,体现于朋友,就是开心见诚,以诚相交,在人生旅途,相互指点迷津,相互规谏劝勉,君子之交淡如水,患难见真情。危难时刻显身手,相互扶持照顾,渡人于困境险滩。真诚,体现在与人交往中善待他人,诚心诚意,以心换心。不损人利己。

真诚，就像 X 光镜，透视出五脏六腑健康与疾病。真诚，能使人拂去心灵的灰尘，让人变得水晶般剔透、无瑕。

真诚的眼睛是清澈的，真诚的声音是甜美的，真诚的态度是和缓的，真诚的行为是从容的，真诚的举止是涵养优雅的。诚能行之永久，是处事立身的根本，是人生休咎的关键。

真诚，能化解对立与冲突，怨恨不满，在真诚的关怀中融化，任何困顿厌倦，都在真诚的互爱中消逝；任何猜忌误会，都能在真诚的交流中圆解。故"真诚"是人立身处事成败的关键，其意义深远，是我们做人之根本。

真诚，效用广大无边，以诚学习则无事不克，以诚立业则无业不兴。真诚能够使我们广结善缘，使人生处世立于不败之地，能够缔造幸福美满的人生。真诚，能使人笑口常开，好运连绵，祥和社会温暖人间，构建美好和谐的社会。

真诚，能感动心灵，震撼灵魂！愿我们天天浸润在真诚的心中，扫去人间一切阴霾与忧愁，每天绽放出温暖灿烂的笑容。真诚的人生是富有的、满足的、充实的。真诚的关怀，温馨芳香；真诚的赞扬，催人向上；真诚的交流，获取信任；真诚的合作，赢得成功。

真诚的人是善良的，问心无愧的。真诚的人是君子。有了真诚的心，人心可以宁静如水，圣洁如雪，干净如云，梦想成真。有了真诚，就是有了豁达的性格，宽广的心胸，就能海纳百川，就能超凡脱俗的，身材廋小的梁思成也能体现宽阔的胸怀，从而彰显高大无比的人格魅力。

真诚，是心灵的翅膀。不管是顺境，还是逆境，它都能让我们的生命轻轻飞翔，触到蓝天的洁净和白云的舒展，卸去征尘中的疲惫，获得精神上的安逸。

缺乏真诚的人，将一无所有。缺乏真诚的人精神是空虚的，人生是苍白的，是一种迷失的人生，是一种畸形的人生，是一种丧失人性的人生。内心永远不可能坦然处之，心灵的魔咒永远挥之不去，只能躲在阴暗的角落里苟延残喘，把自己推入更加无法回头的深渊，做永恒的逃亡者，逃亡世界的追捕，逃亡众人的目光，逃亡命运的作弄，逃亡所有无法逃亡的存在。

佛祖曾说：五百次的回眸，才换得一次擦肩而过。朋友，让我们用真诚的心,对待我们身边的每一个人。多一句问候,多一句祝福,多一句关怀,多一句鼓励,温暖又滋养心田,你好,我好大家好,何乐而不为? 不管是虚幻的网络还是真实的现实,真诚,是春光里的繁花,夏天的隐蔽,秋天的金黄,寒冬的阳光,是永远的希望。

魔力悄悄话

人与人之间的相处是靠心灵的沟通和慰藉,多一点真诚,少一点伪善,我们的社会将会更加和谐。

诚信是金

人之初,性本善。善者,善良也。善良之人,诚信为本。古代著名教育家孔子说过:"人而无信,不知其可也。"

中国古代一位思想家曾告诉我们:做人要"慎独"。意思是说,君子即使在只有自己一个人的时候,也会严格地自我反省,做到心中坦坦荡荡,行动光明正大。

可见,从古到今,都把诚实守信列为做人的根本。诚实守信做人,才能言而有信,童叟无欺,才能心里坦荡,光明正大。诚信是金,黄金有价,诚信无价,诚信比黄金更贵重,诚信作为高尚的品格,可以为人们带来财富,广结四海宾朋。为人处事,恪守诚信,你就能赢得别人的信任,从而拥有知心朋友。立足商海,诚信经营,你才能赢得顾客的信赖,在竞争中赢得市场获取财富。

然而,"诚信"这只是两个简简单单的字,近年来,不少人却把它遗忘了,甚至丢弃了,他们的心灵已被尔虞我诈所污染了。于是,现实生活中,言而无信、欺骗隐瞒多了,假冒伪劣泛滥了。其结果是,人与人之间失去了信任,带着猜疑的目光去审视一切。

失去了诚信的社会,也就失去了人与人之间的融洽,诚信也成了遗弃的"流浪儿",找不到自己的归宿。不讲诚信的人,已脱离了道德的底线,如同"毒瘤"伤害着社会这个肌体。

社会需要诚信,社会守护诚信。眼下,我们正在开展道德模范评选活动,通过模范的典型事迹,感染和感召人们,呼唤诚信的回归。为此,我们倡导并和千千万万善良正直的人们一起,呼唤诚信,寻找诚信,在我们身边共同种植培育起诚信的森林,让这个世界变得更美好。

信任力——一片冰心在玉壶

一个人的生命从诞辰那天起，家庭里就应时时处处洋溢着真诚做人的良好气氛，这样，其幼小的生命才能从小得到为人生命美的熏陶；当孩子进入学校上学后，学校理应先把真诚做人的传统道德文化放在首要位置来进行教育辅导，以此达到全优地带动孩子的全面文化素质培养，这样才能在优先保证让孩子得以成人的条件下使其稳健地迈向成才道路。

魔力悄悄话

现实生活中，言而无信、欺骗隐瞒多了，假冒伪劣泛滥了。其结果是，人与人之间失去了信任，带着猜疑的目光去审视一切。

第五章
勇于担当

在我们成长的旅程中，我们所负担的责任逐渐增多，到成年时我们必须准备好来安排自己的一生，是没有方法可以回避的。所以要对自己说："假如事情是如此，那就是我的责任！"假如你不愿意采取行动来改变它们，你就不要抱怨，单纯地接受它们。因为当我们是孩子的时候，我们是完全依靠别人而活着，我们采取一种有条件回应模式而生活着。而当我们长大成年呢，我们仍然可能保存着这种凡事依赖别人，凡事找理由的习惯模式。

成功并不复杂

实际上,成功并不像我们看上去的那么复杂,有时越简单越容易成功,尽管这听起来有些不可思议。有时我们应该让心态简单一些,把复杂的事用简单的方法去做,往往会收到意想不到的效果。

在人类历史上,可能没有任何一个时代的人像今天这样渴望成功,人们对于成功的关注达到了前所未有的高度,成功的涵义被阐述得越来越深刻,尤其是成功的方法也被分解得越来越多,以至于我们有时颇感困惑:究竟是哪种成功方式方法最直接最有效?

事实上,在很多时候,我们往往都陷入一个误区——把简单的事情复杂化了。为什么当我们煞费苦心、竭尽全力地去追求成功时,成功的女神却迟迟未来?问题就出在我们把成功看得太复杂了,把原本简单的问题复杂化了,这正是大多数人与成功无缘的主要原因之一。

其实,成功很简单。有时越简单越成功,一个简单的想法,一个简单的理念,往往都会导致成功。

苏联火箭专家库佐寥夫为解决火箭上天的推力问题而苦恼万分,食不甘味,妻问其故后说:"这有何难呢,像吃面包一样,一个不够再加一个,还不够,继续增加。"他一听,茅塞顿开,采用三节火箭捆绑在一起进行接力的办法,终于成功地解决了火箭上天的推力难题。在这里,成功就是想到了一个简单的数学加法。

有一家经营精密制造的大公司,拥有主要由世界著名企业构成的客户群。不料,有一段时间里,该公司接连出现了较严重的产品质量问题,客户纷纷退货,并按程序发出停止供货通知书。对此,该公司内部意见纷纭,人心惶惶,公司处于全面紧张之中。面对这样的情境,总经理立即采取了一个简单而坚决的做法——调换制造部经理,全力制订改善方案。结果,在很短的时间里,质量问题得以解决,人际关系也被理顺,客户又高兴地发来了新订单,他成功地解决了这个看似复杂而又令人头痛的问题。在这里,成功就是简单地换掉了一个人并提高产品质量。

有一个人去一家大公司应聘,随手将走廊上的纸屑捡起来,放进了垃圾桶。他这一个小小的举动恰巧被路过的主考官看到了,因此他成功地得到了这份工作。在这里,成功就是简单的一种好习惯。

成功很简单,用最简单的方法解决了问题才是最成功的。可事实往往是:把事情弄复杂很简单,把事情弄简单很复杂。的确,要想把一件复杂的事情搞得简单而有效,确实不是件容易的事情。世界第一 CEO 韦尔奇就曾感叹:今天,要使一个人的工作和生活变得简单非常不容易。但可以肯定的是,把复杂的事简单来做,一定会有很多方法,可总有一个方法最简单,最实用。古希腊的哲人告诉我们:要让生鸡蛋直立在桌子上,最快最简单的办法就是轻轻敲破鸡蛋壳。

简单是最直接最有效的成功方式。

我们每个人都极需把弃繁从简的成功理念深植心底。柯达创始人乔治·伊士曼早在一个世纪之前就创造了一句著名的口号:"只要你一按,其余我来办。"这是弃繁从简理念的典型应用和最佳诠释。

魔力悄悄话

简单不是"四肢发达,头脑简单"中的"简单",简单不是浅薄、简陋、粗放,简单是深刻、丰富、精细。简单是一种美,简单更是一种先进的成功理念。所以,只要我们深刻地认识到了简单的重要性,并把这个理念运用到实践中,那么,简单就是我们的撒手锏,就是我们的"十步一杀",成功自然就变得简单了。

做事要全力以赴

在执行任务的过程人都不可能一帆风顺,总会遇到这样或那样的困难。这些困难好比一座座山峰,如果我们不全力以赴地攀登,就只能在上脚下哭泣。只要我们保持满腔热情,全身心的投入工作中,那么就不会有夸不过的高山。

一天,猎人带着猎狗去丛林中打猎。猎人瞄准一只兔子后扣动了扳机,可惜只打中了兔子的后腿。受伤的兔子拼命逃跑,猎狗在后面穷追不舍。可是没一会儿,兔子不见了,猎狗只好回到猎人身边。猎人责骂猎狗:"你真笨啊,连一只受伤的兔子都追不到!"猎狗听后很不服气,说:"我已经尽力而为了!"兔子回到洞里,它的家人都围过来,问它:"那只猎狗非常凶猛,你又负伤了,怎么能逃过来呢?"兔子说:"它是尽力而为,而我为了活命不得不全力以赴啊!"生活中,也有一些人在执行过程中遭遇到挫折后,总是找理由为自己开脱。他们说得最多的一句话就是:"我尽力了",因此而原谅自己。结果呢? 失败也就成了他们的常客! 对想要完成任务的人来说,尽力而为是远远不够的,我们需要的是全力以赴。

在职场中,总有人抱怨自己的业绩不突出。与其抱怨,不如静下心来想一想,"自己在解决问题时想尽所有的办法了吗?""自己是否真的做到了全力以赴呢?"实际上,很多人失败就是失败在做事不全力以赴。

不管你如何想提高工作业绩,如果你不改变敷衍、应付的工作作风,失败就会接踵而来。只有全力以赴的执行任务,才有可能出色地完成任务。在职场上,把执行做到位的员工没有一个不是全力以赴的。

戴尔泰勒是美国西雅图一所著名教堂里的牧师。一天,泰勒向教会学校的学生们发出了"悬赏"公告:凡是能背出《圣经马太福音》中第五章至

第七章的全部内容的人,都会受邀去西雅图"太空针"高塔餐厅,免费品尝那里提供的大餐。可是,需要背诵的内容多达数万字,而且不押韵,这对孩子而言难度非常大。许多学生要么就直接放弃了,要么浅尝辄止。

几天后,一个 11 岁的小男孩主动找到戴尔泰勒,并在他面前一字不落地背诵了全部内容。而且,整个背诵过程十分流畅,就好像他在照着《圣经》读一样。泰勒十分震惊,因为在成年的信徒中,能背诵此篇幅的人也非常罕见。他对男孩的记忆力表示了由衷地赞叹,然后问他:"你为什么能背下这么长的文字呢?"小男孩立刻回答道:"因为我全力以赴。"

十几年后,那个小男孩,成了世界著名软件的老板,他就是比尔·盖茨。可见,只要你全力以赴,没有什么事情是不可能的。在积极地心态驱使下,全力以赴就会创造奇迹。

魔力悄悄话

只有全力以赴的执行任务,才有可能出色的完成任务。在职场上,把执行做到位的员工没有一个不是全力以赴的。

当人生走到低谷

人无千日好,花无百日红。每个人都有自己走运的时候,也有都自己背运的时候。

几乎可以这样说,没有一个人永远一帆风顺,何况,那样的人生也算不得真正的人生,神仙也有烦恼的时候,何况人呢。

走好运的时候不用说了,当然春风得意,日月添彩。没有什么好说的,不过这个时候也最容易让人忘乎所以。

背运的时候是最难熬的,人在走运的时候一般想不到自己背运的时候,然而背运的时候一般都会想起自己走运的时候,想起那个时候是如何的无所不能,如何的傲视群雄。

正是因为这样的对比来得太过强烈,于是越发觉得背运的时光难以熬磨,连日月都黯然失色,更不要说自己,简直是心灰意冷,无所适从了,不知道何时才能走出眼前的泥沼。

其实最黑暗的时候也是光明即将来临的时候,光明永远是生活的主流色彩。

如果我们能够看到这一点,并且及时而正确地调整自己的人生观念,那么就可以尽快推开那一扇阻挡光明的窗子,就可以及早看到自己人生道路上依然美丽的前景,就会振奋精神,继续张开自己人生的风帆,向着更加丰富绚丽的人生航程劈波斩浪,继续前行。

人最怕宿命,千万不要一遭挫折就以为自己就是这个命,从此一蹶不振,那就真的完了。

人贵在行动,只要行动起来,永远不要停止行动,那么,我们的生命就是最有意义的,我们的人生就是圆满的。

信任力——一片冰心在玉壶

行动与名利无关,行动就是行动,行动是人的一种宝贵精神,有了这种精神,走运与背运对我们来说都无所谓,就像白天和黑夜一样,无非是让我们调整和休息一下,攒足精神,以便明天走得更好而已。

魔力悄悄话

人贵在行动,只要行动起来,永远不要停止行动,那么,我们的生命就是最有意义的,我们的人生就是圆满的。

改善潜意识

每个人都渴望拥有成功、富裕、幸福的生活,但在现实生活中,为什么我们的行为常常与我们的自我期望相差甚远? 为什么我们费了好大的劲,却感觉成功仍然遥不可及? ——这一切都是由于我们的潜意识中被输入了错误的指令而造成的。

什么是潜意识呢? 潜意识是相对于显意识而言的,是人类自身意识不到,也不能控制的意识,又称为无意识。

潜意识与显意识不同,它不能够进行任何判断推理,无论接受了什么样的信息,它都会坚决执行。如果我们从小接受的教育是被鼓励、被赞扬的,那么我们的潜意识中的自我价值感就会比较高,但如果我们从小接受的教育是被批评、质疑与否定的,那么我们潜意识中的自我价值感就会比较低。

很多人非常渴望成功,但如果他们的潜意识中始终充斥着否定、负面、低价值感的自我评价和信息,那他们是很难成功的。这些人的内心冲突往往会非常大,于是大量的能量就被耗费在自我诋毁和内在冲突中,却无法达到他们期望的结果。

要想改变这一切,我们必须为自己的潜意识重新输入正确的信息。每个人来到这个世界上都是一张白纸。

有句话说:"你相信自己是谁,你就会成为谁,无论你相信自己能做到,还是相信自己做不到,你都是对的。"

如何给潜意识输入成功的程序呢? 最有效的办法就是常听潜意识CD,反复地听、持续地听,它就像小时候妈妈的唠叨一样,不断地、反复地在我们的耳边重复。

它会改变我们与自己内在交谈的模式,让所有正面、积极的语言与信息进入潜意识,形成潜意识固定的条件反射模式,让我们像成功者一样去做事和思考。

魔力悄悄话

每个人来到这个世界上都是一张白纸。有句话说:"你相信自己是谁,你就会成为谁,无论你相信自己能做到,还是相信自己做不到,你都是对的。"

把苦难当成财富

苦难是一笔财富,它会锤炼人的意志,使人获得生活的真谛。中国有句成语说,苦尽甘来。另一句又说,吃得苦中苦,方为人上人。这些都是鼓励人要经受住苦难的考验,在面对苦难的时候要忍耐,要有希望,只有保持这样一种心态,才会走向人生的辉煌。

人们都希望自己成为生活的强者,但通向强者之路永远有苦难在那里等待。苦难使人经受考验,苦难使人奋勇搏击。顺境中人们看到的鲜花和笑脸,习惯于喜悦浸润的心灵往往承受不起太大的打击。迎向苦难,虽处逆境但可使人尝遍人间酸甜苦辣咸的滋味,经受世态冷暖炎凉,更多一层对生活的领悟,更了解人生的真谛。苦难是一本开启智慧的好书,当人们精心阅读感受之后,会发现它在娓娓讲述丰富的生活阅历时,又夹着睿智,细细品味会使人豁然开朗,智慧倍增。苦难又是一位深沉的哲人,他说:强者的人生意义不在于他辉煌的成功,而在于他为实现理想,所做的一次又一次搏击,强者在风浪中领略到的瑰丽之景是平庸者永远看不到的。

苦难对于每个人来说都是一场考验,只有经受住苦难的考验,才能铸就非凡人生。

说起如何面对苦难的考验,不提贝多芬是令人遗憾的,因为他在人类战胜苦难方面,创造了不亚于他那些交响曲的辉煌成就。

德国作曲家贝多芬于 1770 年冬天,在波恩一间墙壁歪斜的简陋的小屋里诞生。父母不和,生活贫困,悲惨的童年造成贝多芬性格上的严肃、孤僻、倔强和独立不羁,在他心中孕育着强烈而深沉的感情。从 12 岁起他开始作曲,14 岁参加乐团演出,并领取工资补助家庭。到了 17 岁,母亲病逝,把家中最后的钱花光了,留下两个弟弟,一个妹妹,还有一个已经堕落的父亲。不久，贝多芬又得了伤寒和天花。他遭受的不幸，简直不是一个孩子能够承受的。尽管如此，贝多芬还是硬挺过来了，既为了家庭生活，也为了自己的爱好，他一直在乐团工作着。贝多芬的音乐作品充满了高尚的思想感情：有的像奔腾的激流，给人以信心和力量；有的如美丽的大自然，淳朴明朗，庄重宁静；有的似素月清辉倾泻在橡树荫中，缥缈轻柔，幽美深远……

贝多芬的音乐天才刚刚萌芽，在他正要迈入风华正茂的黄金时代之际，他竟发觉自己的听力开始衰退。谁不知道，音乐只对音乐的耳朵才存在。这位早就把整个生命都献给音乐的德国青年，怎么能在 26 岁的年龄失去音乐的耳朵呢？

起初，贝多芬极力掩饰听力迟钝的缺陷。他避而不参加社会活动，以免别人发现他耳聋。后来，他两耳完全失聪，实在无法掩饰了，就隐居到维也纳郊外的海利根斯塔特。他曾在一份叫作"遗嘱"的文件中倾吐了当时的苦衷："我不可能对人家说：'大点声讲，大声喊，因为我是个聋子。'我本来就有一种优越感，认为自己是完美无缺的，比任何人都要完美，简直是出类拔萃，我怎么能够承认这种可怕的病症呢？当别人站在我的身边能听到远处的长笛声，而我却什么也听不见时，这是一种多么大的耻辱啊！诸如此类的经历简直把我推到了绝望的边缘——我甚至曾想到要了此残生。"

残酷的命运，使这位年轻的音乐家痛苦万分，但最终没能使他消沉，他摒弃了自杀的念头，对朋友说："是艺术，只是艺术挽留住了我。在我尚未把我的使命全部完成之前，我不能离开这个世界。"

贝多芬决定向悲惨的命运挑战。他在给朋友的信中说："我要扼住命运的咽喉，它休想使我屈服！"

这句话成了贝多芬一生的座右铭，这句话也最能表现出他坚韧不屈的性格。从此，他比以前更加发奋、努力。他向朋友们描述了自己耳聋后争分夺秒、紧张创作的生活："一切休息都没有！——除了睡眠之外，我不知道还有什么休息。""无日不动笔，如果我有时让艺术之神瞌睡，也只为要它醒后更兴奋。"

贝多芬与命运进行艰苦搏斗的时期，正是他一生中创作力量最旺盛、成就最辉煌的时期,他的大部分成功之作,都是在耳聋之后创作的,他以惊人的毅力、辛勤的劳动和巨大的成就,掀起了世界音乐史上崭新的一页。

他的奋斗精神是非凡的。为了听取钢琴的演奏,他把一根细棒触在钢琴上,另一端用嘴咬住,琴弦发声时的振动传到棒上,再由齿骨传到内耳。

贝多芬的作品影响最大的是交响乐。这个时期,他创作的几部具有代表性的作品,如《英雄交响曲》(即《第三交响曲》)、《命运交响曲》(即《第五交响曲》)、《田园交响曲》(即《第六交响曲》)和《合唱交响曲》(即《第九交响曲》)等等,一直在全世界享有盛名。

《命运交响曲》是贝多芬九部交响乐中最杰出的一部。这部乐曲所表现的是人类和命运搏斗、最后战胜命运的主题。这部交响乐分为四个乐章。在第一乐章里,贝多芬采用几个沉重而有力的连续音符开始了它的主题动机。贝多芬说:"命运就是这样来敲门的。"这部交响乐不仅表现出贝多芬自己与命运搏斗的英雄气概,同时,它还具有更深刻的社会内容。命运象征着残酷的黑暗的社会现实,它向人类袭来,妄图捆缚住人们的手脚,以便任它摆布宰割。然而,人类没有屈服,奋起与命运展开搏斗。虽然命运像个庞然大物,但是人类最终还是扼住了它的咽喉。胜利的凯歌响起,预示着人类战胜命运。"顽强地战斗,通过斗争去取得胜利。"这种思想贯穿了贝多芬一生的创作。恩格斯非常喜欢贝多芬的作品,他在给妹妹的一封信中说:"《命运交响曲》和《英雄交响曲》是我最喜爱的作品。""假如,你没有听过这样壮丽的作品,那你可以说等于一生没有听过什么好音乐。"

贝多芬于 1823 年完成的《第九交响曲》,这是他最后的一部交响乐。1824 年 5 月 7 日,《第九交响曲》首次在维也纳公演,获得了巨大成功。欢呼声、鼓掌声震撼着演出厅,但是站在乐队中背向听众的贝多芬什么也听不见。一位女高音歌手把他挽到台前,听众们顿时沸腾起来,有人向他扔帽子,有人兴奋地跺地板,有人则激动得泪流满面。欢呼声、鼓掌声刚落又起,一连 5 次都不停息。维也纳是个讲究礼节的城市,皇帝出场方鼓掌 3 次,这已是最隆重的欢迎仪式。而此时,对贝多芬欢迎远远超过了欢迎皇帝的规格。维也纳当局害怕了,他们竟出动了警察。警察冲进音乐厅,强迫群众停止欢呼,停止鼓掌。但是,人民对自己的音乐家的真挚情感,怎么能阻止得住呢？

命运对于贝多芬也的确是不公平的，暂且抛开他的耳疾，在其他方面他也是屡遭磨难。就其性格来说，贝多芬是不甘寂寞的，他爱交际，好聚会，也同样渴望爱情，渴望婚姻给他带来一个温暖的栖身之所，使他饱受病魔折磨的身心得到些许安慰。但是几次恋爱均未成功，虽然他满怀着热情，最后还是带着一颗受伤的心退阵了，这更增加了由于耳疾带给他的孤独。他终生没有妻子，没有儿女。他的恋爱虽然没有获得最后的成功，但在当时的激情下，他创作了一首纪念爱情的音乐作品，即那首被题为《赠爱丽斯》的钢琴曲，该曲朴实无华，是贝多芬创作中最感人的作品之一，它那优美、柔和的旋律尤为今天的人们所喜爱。1815 年，他的兄弟卡尔死于肺病，留下一个儿子——小卡尔。贝多芬担负起抚养他的责任，把全部的爱心都倾注于这个侄子身上，想使他接受高等教育，为他设计了无数美好的前程。然而这个侄子显然不配接受伯父的信任。他生性轻狂放纵，反复无常，加之对伯父的教育方式的不满，便跟伯父疏远了，学业上马马虎虎，和一些不三不四的人厮混。贝多芬对侄子的行为感到愤慨，但过后还是满怀爱心。他的音乐作品使他获得一定的收入，他把这些钱储存起来以备侄子将来之用，甚至在自己病魔缠身、穷困潦倒之时，也不肯动用这笔存款。对于如此的恩德，他的侄子不但不感恩图报，更为可悲的是，在贝多芬临终的时候，这个忘恩负义的家伙竟没有在场。

1827 年 3 月 26 日，在一个雷雨交加的夜晚，音乐巨人贝多芬与世长辞。那时，他才 57 岁。在他弥留人生的最后一刻，他还向空中挥舞着悲愤不屈的拳头。

★魔力悄悄话★

贝多芬的身体虚弱不堪，但他是真正的强者。贝多芬一生困苦，但他同时也是最幸福的人。

第六章
信任是一种力量

　　其实，世界上没有绝对的信任，信任越来越多的是建立在利益的基础上。我们都相信自己的判断力，但是做到万无一疏，比登天还难。只能在一次又一次的磨练和经历中历练自己的慧眼。必要时，我们还应该结合自己身边的人和事来指挥自己的思维能力。

　　人活在世上需要信任别人，犹如需要空气和水。我们如果不信任别人，对人便无法诚恳；我们如果戴着面具，不能真诚对人，试想那会有多么拘束和难受。一天到晚都提防着别人，会害得我们心神疲惫。要想受人尊敬和爱戴，你就得先信任别人。

对"信任"的反思

人,总是多面性的。有时候可能口是心非,有时候可能心口一致,在于用心体会。但是,并不是所有的人都不值得信任,也不是所有人都值得自己用心对待。因为人心会随着变化而改变。懂得了为人处事,一切都将迎刃而解。

其实,世界上没有绝对的信任,信任越来越多的是建立在利益的基础上。我们都相信自己的判断力,但是做到万无一疏,比登天还难。只能在一次又一次的磨炼和经历中历练自己的慧眼。必要时,我们还应该结合自己身边的人和事来指挥自己的思维能力。

总的来说,值得信任的东西还是很多的。身边无数的诚信事例都可以证明信任是很有效的处事方法。绝对信任的人,一生中也许只有那么一个两个,可以割头换颈,可以肆意表达,可以疯狂付出……绝对信任的事情,一生中也许只有那么一件两件,可以是前车之鉴,可以如出一辙,可以照搬硬套……

另外,有太多的东西,我们也要好好擦亮自己的眼睛。因为,我们都需要被人理解,因为,我们都要学着生存。对待不同个性的人和不同类型的事,我们不能盲目的急于奉献,不能被眼前的现象迷住了自己的眼睛。很多的理解和信任,更多的是暂时的,人走茶凉过河拆桥的例子也举不胜举。

很多时候,人们都喜欢摆下龙门阵,夸夸其谈,很多时候,闯祸了还不知道是怎么一回事。这种人是可怜的,单纯的,善良的。这些人,往往也会被人利用和欺骗。他们的眼中,信任的名词显得很平庸,信任的概念是淡薄的。旁听者,此时需要一份良知,一种道德观念。也有一些人,警惕性太强,被社会的残酷现实击退了。他们也是受害者,只是他们不懂得信任的

真正含义。他们是社会的隐患,随时都有可能爆发巨大的能量。

　　信任的故事还在延续,信任的危机客观存在,信任的话题永远更新中。人们需要更多的信任和理解,人们的内心在渴望一片洁净的天空。现实的残酷和无奈,正在逐渐发酵。只有每个人自己心中长存善念,信任之花才会永远常在!

魔力悄悄话

　　面对太多的东西,我们要好好擦亮自己的眼睛。因为,我们都需要被人理解,因为,我们都要学着生存。

信任是一种力量

心有防备是健康的,我这里讲的是对善良的人和安全的事仍然无端地怀疑,就是一种病态,它与信任、爱、向善的力量是相反的。

当然这种"相信"需要你在每天的工作或生活中创造许多自豪感、胜任感、掌握感、责任感来支撑。一个人在做事事情中有了这许多对自己相信的感觉,自然就相信自己、喜欢自己了。一个人只有在相信自己悦纳自己的情况下,才会有勇气去相信别人和接纳别人。

有一个妇女,她的子女对她都非常好,并且子女都是品质非常好的人。但她缺少归属感,不管子女对她多好,她仍然变着花样地向子女要钱。她与一些人走在一起时,总是对别人说三道四,总喜欢揭示别人的"新闻",这样的人,是不会信任他人的。他们看世界自然就是不可爱的。这个妇女在家里唯我独尊,内心也不是很善良,只要不顺从她的人或事物,她几乎是无情地排斥责。由于自身对他人缺少休戚与共的精神,她眼中看谁都不信任。

宋代大文豪苏轼非常喜欢谈佛论道,他和佛印禅师关系很好。有一天他登门拜访佛印,问道:"你看我是什么。"佛印说:"我看你是一尊佛。"苏轼闻之飘飘然,佛印又问苏轼:"你看我是什么?"苏轼说道:"你真像一摊牛粪"。苏轼很得意地跑回家见到苏小妹,向她吹嘘自己今天如何一句话噎住了佛印禅师。苏小妹听了直摇头,说道,"哥哥你的境界太低,佛印心中有佛,看万物都是佛。你心中装的是牛屎,所以看别人也就都是一坨屎。"许多人在自己与别人的观念不一样时,就抱持一种拒绝对抗的态度,总是

感到别人很"奇怪",其实在你对面的那座山上,别人看你,感觉可能与你是一样的!一个人对他人他事有太多敌意,实际上在内心里是不接受自己的,这类人对他人一般都缺少信任。

魔力悄悄话

一个人在事情中有了这许多对自己相信的感觉,自然就相信自己、喜欢自己了。一个人只有在相信自己悦纳自己的情况下,才会有勇气去相信别人和接纳别人。

释放你的心情

生活本身就是就是一种承受,承受痛苦;承受幸福;承受平淡;承受孤独;承受失败;承受责任……更多的是承受爱付出爱。

过去的就让它过去吧,因为抛下不必要的包袱,生活才会更好,太多的任性只会毁掉彼此的信任感,千万别用自己的任性去挑战对方的耐性,最好的脾气也有爆炸的时候,学会收敛,学会自省,别拿自己的赌气给人冷脸看,那样在你的友好档案里将添加一败笔,人生如此的短暂没理由不去好好的生活!

有太多事情要你去做,有很重要的人等着你去珍惜,不要回头看,前面的世界更精彩,前面的步伐更清逸。

当一切都可以看开时,往往也是没有什么可以失去的时候,时间就会把自己的任性和往事渐渐冲淡,只留下美好的记忆,还有并肩而走过的灿烂笑容和寂寞黑夜里那份割不断的思念在温暖烛光里摇曳。

人生是一个遗憾的过程,稍不经意的一次回眸,满眼往事中最令人难忘和记忆犹新的,注定是曾经有过些许的遗憾,和那份挥之不去的自责,重要的是不要因为太多的无奈,太多的遗憾,而忘却了风雨兼程的行旅,所以放下成见,拓宽心怀,用诚挚的眼光和信念坚定自己,用真诚的心感悟彼此,让生活从此充满灿烂和微笑。

人生有好多无奈,当自己改变不了环境时,可以学着悄悄改变自己;当自己改变不了事实时,可以试着改变态度;当自己改变不了过去时,可以用改变现在来证明自己;人不能预知明天,但可以把握今天,错了的、过去的不必耿耿于怀,学会选择懂得放弃,用理智的心态衡定自己。

让平平淡淡充实自己的生活,花自凋零水自流,世间本来就无十全十美之事,何苦庸人自扰呢?错了的就要敢于面对,敢于道歉,用内心的这份真诚,用淡淡的微笑去化解心中那份惆怅。不管怎样,输什么也不能输了心中的那份真,更不能再输了心情……

魔力悄悄话

人生有好多无奈,当自己改变不了环境时,可以学着悄悄改变自己;当自己改变不了事实时,可以试着改变态度;当自己改变不了过去时,可以用改变现在来证明自己。

信任是快乐的源泉

人活在世上需要信任别人，犹如需要空气和水。我们如果不信任别人，对人便无法诚恳；我们如果戴着面具，不能真诚对人，试想那会有多么拘束和难受。一天到晚都提防着别人，会害得我们心神疲惫。要想受人尊敬和爱戴，你就得先信任别人。有了信任，才会有爱。信任是爱的前提。

心理学家说：我们不但可以防护别人，而且在许多方面也会影响别人。信任或防范，能铸就别人的性格。如果和信任我们的人相处，我们会因放心而自在。

英国南部有一座监狱，狱长的太太差不多每天都到监狱里去。犯人活动的时候，她的孩子往往和他们一起玩，她也和犯人交谈。别人总是提醒她提防点儿，她说她并不怕，也不担心。

因为她信任那些犯人，她所表现出的一切言行都是真诚而又善意的，犯人们喜欢她，他们可以与她平等地交谈、说笑，心与心是畅通的，没有什么隔膜，他们相处得很好。当有一天她突然病故后，消息立即传遍了监狱，犯人们都聚集在大门口表示哀悼。看守长看见那些犯人默默无语难过的样子，便把狱门敞开。从早到晚，犯人们都排着长队到停放遗体的地方去向她做最后的告别。他们的四周并无高墙、电网，但是他们没有一个人逃跑或做出什么出格的事来，告别之后，他们都回到了监狱里。这就是犯人们对这位老太太表示出的敬爱，因为她在世时曾经信任他们。这就是信任的力量，也是信任的魅力所在。

人与人之间需要彼此的信任，而彼此相处得融洽与否，全靠信任的程

度。老师要是能使落后的学生相信他对他们满怀好意，那么，他的教育就成功了。精神病学专家往往要把主要精力和时间放在劝导精神错乱的病人信任他们之上，只有这样才能够动手治疗。人对人必须怀有好感，彼此信任，个人的工作和生活才不至于过得缺少生机和快乐。信任是快乐的源泉。

那么。我们为什么这样难以互相信任呢？这是因为我们害怕，害怕上当受骗、害怕遭到别人的拒绝或嘲笑，于是，"逢人且说三分话，未可全抛一片心"。在交往中戴着面具，虚假的亲热、用心的设防、无缘的猜疑、盲目的算计、糊涂的封闭。

信任别人的人，日常待人接物是与众不同的。一个人形容他所认识的一个女人："她见到人便伸出两只手来迎接，仿佛是在说：'我从内心深处信任你！和你在一起，我就觉得非常高兴！'而当你离开她的时候，也会感到心里非常愉快，甚至有种依依不舍的感觉。"

不相信别人，就很难做成大事。你发出了怎样的信息，就得到怎样的回报。你希望别人怎样待你，你就怎样待人——真情付出，心灵交会。所以，心与心之间最短的距离就是信任。换言之，心与心之间最大的距离就是不信任。

魔力悄悄话

人对人必须怀有好感，彼此信任，个人的工作和生活才不至于过得缺少生机和快乐。信任是快乐的源泉。

相信友情

一份纯净的友谊经得起时间和空间的磨炼、经得起谎言的诱惑、经得起幼稚的背叛,经得起一切考验。

友情经得起时间的磨炼。一见如故是因为彼此有着第一眼的好感,再见依旧如故则是彼此心中依旧牵挂对方,仿佛正如第一次相见时:亲切、熟悉而又快乐。友情与距离无关,如果有关的话,那么可以这么说,距离有时更是友情的催化剂。友情需要思念,思念愈真,则友情愈浓。相隔千里但却能够感觉彼此近在身边,不亦乐乎? 相信大多数人都有这样的体会,与多年的好友失散,这些年间早已没有了联系,也不知道去向消息。可是当某天在街边碰到他们的时候,你却没有陌生之感,一样还是认出了他们是你的朋友,并且熟悉地打着招呼,问着最近好不好,遇见好凑巧。一直以为,"原来你也在这里"不仅可以用来作为感动爱情的经典句子,更可以作为友情永恒不变的动人话语。

友情经得起谎言的诱惑。友谊如果掺杂了谎言,那就不是真正的友情,友情里不允许谎言的身影出现。因为诱惑而往来,那么,彼此之间存在的不过是利益罢了,友情也无从谈起。非常厌恶因为利益而开始的友谊,如果一开始的接近只是为了谋取某种利益,友谊便没有了纯净的土壤生长。朋友之间的互助是真诚的力所能及的帮助,如果超越原则开始以谎言来维持友谊,想必这份友谊已经踏上了结束的末路。友谊需要彼此信任、相互透明地分享喜怒哀乐。曾经听到一个好友对他的朋友说:不要对我撒谎,我不知道,你可以继续演戏;但是如果我知道,我们之间就到此为止。听起来有些言重,但是却是肺腑之言。友情是容不下一点点的欺骗的,欺骗意味着某一方对友情失去了信心,不再有真诚的信任之感,友情不需要

信任力——一片冰心在玉壶

隐瞒,更不需要刻意的"花言巧语"或者甜言蜜语,友情是朴实无华的,是没有猜忌的心与心之间的沟通交流。如果有了猜忌,就开始有了心的距离。欺骗是最坏的借口,是让友情自取灭亡的手段。

友情经得起幼稚的背叛。友情可以短暂,也可以永久,时间的长短在于信任的深度。之所以说背叛是幼稚的行为,是因为,背叛者自以为是得到了什么,但事实上却是失去了更多。背叛者采取的是毁灭信任做出有损于对方的方式来结束彼此间建立起的友情。人与人之间能够相遇、相识再相知,是一件多么难得和有幸的事,为何要为了眼前而忘记长远?为何要为了物质需求而放弃精神支柱?人生难得遇知己,若因背叛而失去,岂不是人生一大悲剧?背叛即是个人道义的沦丧,又是自我尊严的泯灭。从不相信友谊可以经历背叛而依旧存在,既然选择背叛,就也选择了放弃友情。友谊可以固若金汤,可也难挡背叛一击。所以,不要轻易认为背叛是一件利于自己的事情,而要看到,背叛是在自我贬低与人格自降,以及失去朋友的可悲下场。友情需要无私的付出与真心的分享,而不是彼此明争暗斗的交际。自己一直这样坚持:如果我们是朋友,请你记住,当你需要我帮忙的时候,尽管对我说,我当尽力而为,但是请不要选择背叛或者其他不端正的方法来赢得我的信任或关注,这样只会是断送友情。

真正的友情经得起一切考验。时间也好、空间也罢,如果我们之间有友情存在,那么以上的这些都不存在。因为,信任存于心间,它能化掉一切阻碍,一切阻碍友情继续的事物。

魔力悄悄话

如果向往一份真正的友情,就学会让信任存于珍惜彼此的人的心间,因为友情,相信友情。

大方的人易受到信任

想得到别人的信任吗？这要看你怎么对待他们，并且要比他们所期待的还要大方，出手越快越好。最新的一项脑科学研究发现，人的想法其实就是一场"信任"的游戏。

这项研究是由美国贝勒大学医学院神经科的 P·雷德·蒙泰戈博士主持的。参加实验的学生共有 48 对，互不认识，每一对都有一位"投资者"和一位"受托者"。实验以下列方式进行：在 20 美元以内，"投资者"可以给予"受托者"任何数量的金额，一到"受托者"手中，该金额即视为成长 3 倍。然后，"受托者"可以决定还给"投资者"金额的数量。他们不可以聊天、握手、签合约或做其他事情。

雷德博士在实验过程中观察学生大脑的活动情况，结果发现，当对方表现得比自己的期望还要大方时，脑部'尾状核'区就会出现惊喜的讯号，研究人员指出，这就是对'慷慨大方'的感应区。实验还发现，当"受托者"退还的金额比"投资者"预测的要多时，"投资者"就会在下一回合给予更多的金额，可见，大方是可以增加信任的。

古人云：人无信不立。在人际交往中，想要别人建立对自己的信任，我们不妨利用上面的科学发现，从下面几点进行尝试。

大方是建立人际信任之源。从生物进化角度讲，上述结果是有必然性的。因为在资源匮乏或相对匮乏的社会中，人类个体间存在着利益冲突，只有既竞争又合作，才能共享资源，达成"双赢"，这就需要人际信任。信任也就与"利"存在着天然的联系。心理学的研究表明，交往关系中的互惠行为能够促进双方的信任。

大方不局限于金钱、物质。大方体现在待人接物方面就是要不吝啬，除了基本的物质需要以外，人们也期望得到他人的认同、赞美、同情、宽容、尊重、理解等。因此，人际交往中，既不要当一毛不拔的铁公鸡，也不要在满足他人心理需求方面当小气鬼。慷慨赞美他人的言行、宽以待人、不斤斤计较等，都是对他人大方的表现。

认准表现"大方"的时机。在交往之初，相互之间不熟悉，也就很难谈得上信任，对对方的大方行为预期也就比较低。如果你在对方存在某种急需的时候满足了他，就会让他感到很意外，其脑部"慷慨大方"感应区就会高度兴奋，有助于建立对你的信任。

尝试着"表现大方"。"受人滴水之恩，当以涌泉相报"的观念，"投之以桃，报之以李"的做人准则，已经深植于国人的心里。心理学的研究表明，交往关系中的互惠行为能够促进双方的信任。如果你在别人眼中是个小气鬼，你不妨尝试着表现大方些；如果不能表现得大方些，也可以尝试装着大方些，这能促进你进入大方、互惠的人际互动循环中。

魔力悄悄话

大方不局限于金钱、物质。大方体现在待人接物方面就是要不吝啬，除了基本的物质需要以外，人们也期望得到他人的认同、赞美、同情、宽容、尊重、理解等。

信任如花

生活是美丽的,生活中开满了五彩缤纷的鲜花。在这五彩的花丛中有一朵花分外鲜艳分外美丽,因为它分外重要,它便是信任。

信任是伴在人生路上一朵长开不败的花,撷取了信任,便会酿出成功的花蜜。信任别人是这朵花的芳香。在战国时期,正因为齐威王的"用人不疑,疑人不用"才击败了强大的敌人。在西汉,面对强大的匈奴,卫青信任名不见经传的年轻将领霍去病,才使他率军突袭敌军阵营,使战局得以转机。反之,燕王因怀疑乐毅叛国,更换了主率,反倒使自己险些亡国。三国时期,诸葛亮挥军北上伐魏,"出师一表真名世,千载谁堪伯仲间",然而后主刘禅听信谗言,怀疑诸葛亮谋反,急召回诸葛亮,终成千古遗恨。而百年后一心"精忠报国"的岳飞,又走了多么相似的一步!

信任之花不仅装点着历史书卷,更装点着生活之路。生活中,信任使友谊更加牢固,使社会充满了理解与宽容,充满了爱。

有时候信任是有选择性的,这样才不会被小人所利用,不会被奸人所谮害。所以,信任是一朵花,是一朵带刺的玫瑰,你要学会采下她而不被扎伤了手。信任,生活中的一朵花,孕育着成功,孕育着友情,孕育着爱。

魔力悄悄话

信任是伴在人生路上一朵长开不败的花,撷取了信任,便会酿出成功的花蜜。信任别人是这朵花的芳香。被人信任是花中甘甜的蜜汁。

第七章 让别人信任你

　　生命是什么样子呢？如果你是一个积极向上，努力奋斗意志坚强的人，你肯定会用满足的、积极向上的眼光去看待命运的，你会感觉自己的生命是整个世界中最幸运的、最幸福的。自己的父母是最辛苦的，期盼他们身体健康。自己的兄弟姐妹无微不至地关心着自己，有那么多亲朋好友帮助自己，能够把不幸看作是大幸，世界处处充满阳光。

　　如果你是一个庸庸碌碌、虚度时光没有付出的人，你肯定会用消极挑剔的眼光去看待命运，你会感觉自己的生命是整个世界中最不幸的。

认识你自己

我是谁,我从哪里来,又要到哪里去,这些问题从古希腊开始,人们就开始问自己,然而都没有得出令人满意的结果。

然而,即便如此,人从来没有停止过对自我的追寻。

正因为如此,人常常迷失在自我当中,很容易受到周围信息的暗示,并把他人的言行作为自己行动的参照,从众心理便是典型的证明。

让一个人水平伸出双手,掌心朝上,闭上双眼。告诉他现在他的左手上系了一个氢气球,并且不断向上飘;他的右手上绑了一块大石头,向下坠。三分钟以后,看他双手之间的差距,距离越大,则暗示性越强。

认识自己,心理学上叫自我知觉,是个人了解自己的过程。在这个过程中,人更容易受到来自外界信息的暗示,从而出现自我知觉的偏差。

心理学的研究揭示,人很容易相信一个笼统的、一般性的人格描述特别适合他。即使这种描述十分空洞,他仍然认为反映了自己的人格面貌。曾经有心理学家用一段笼统的、几乎适用于任何人的话让大学生判断是否适合自己,结果,绝大多数大学生认为这段话将自己刻画得细致入微、准确至极。下面一段话是心理学家使用的材料,你觉得是否也适合你呢?

你很需要别人喜欢并尊重你。你有自我批判的倾向。你有许多可以成为你优势的能力没有发挥出来,同时你也有一些缺点,不过你一般可以克服它们。你与异性交往有些困难,尽管外表上显得很从容,其实你内心焦急不安。你有时怀疑自己所做的决定或所做的事是否正确。你喜欢生活有些变化,厌恶被人限制。你以自己能独立思考而自豪,别人的建议如果没有充分的证据你不会接受。你认为在别人面前过于坦率地表露自己是不明智的。你有时外向、亲切、好交际，而有时则内向、谨慎、沉默。你的有些抱负往往很不现实。

这其实是一顶套在谁头上都合适的帽子。

一位名叫肖曼·巴纳姆的著名杂技师在评价自己的表演时说，他之所以很受欢迎是因为节目中包含了每个人都喜欢的成分，所以他使得"每一分钟都有人上当受骗"。人们常常认为一种笼统的、一般性的人格描述十分准确地揭示了自己的特点，心理学上将这种倾向称为"巴纳姆效应"。

有位心理学家给一群人做完明尼苏打多相人格检查表（MMPI）后，拿出两份结果让参加者判断哪一份是自己的结果。事实上，一份是参加者自己的结果，另一份是多数人的回答平均起来的结果。参加者竟然认为后者更准确地表达了自己的人格特征。

巴纳姆效应在生活中十分普遍。拿算命来说，很多人请教过算命先生后都认为算命先生说的"很准"。其实，那些求助算命的人本身就有易受暗示的特点。当人的情绪处于低落、失意的时候，对生活失去控制感，于是，安全感也受到影响。一个缺乏安全感的人，心理的依赖性也大大增强，受暗示性就比平时更强了。加上算命先生善于揣摩人的内心感受，稍微能够理解求助者的感受，求助者立刻会感到一种精神安慰。算命先生接下来再说一段一般的、无关痛痒的话便会使求助者深信不疑。

魔力悄悄话

在日常生活中，人既不可能每时每刻去反省自己，也不可能总把自己放在局外人的地位来观察自己。正因为如此，个人便借助外界信息来认识自己。个人在认识自我时很容易受外界信息的暗示，从而常常不能正确地知觉自己。

相信你自己

其实人生就是一场战斗,假如你因为胆怯、懒散而害怕人生的战斗,拒绝人生的战斗,随波逐流。你还不如主动出击,选择有利于你的人生战场,去打一场真正的你选择的人生战争,去争取胜利。

据说在深山里面住着一位智慧老人,他能预测未来。几个调皮的小孩就想戏弄一下这位老人。他们抓着一只鸟去到老人那里,问老人:"你不是能预知未来吗?请问我手上的这只鸟是死的,还是活的?"老人回答:"如果我说这只鸟是死的,你手一松,这只鸟就会飞掉;如果我说这只鸟是活的,你就会将它掐死。这只鸟的命运,掌握在你的手上。"这只鸟的命运就是我们人生的命运,它就掌握在我们自己手上。

我们每个人都是自己命运的主人,我们的人生是失败还是成功,是默默无闻还是光彩显赫,完全是自己造成的。尼采曾这样告诫我们:那些受苦受难,孤寂无援,饱尝凌辱的人,不要被妄自菲薄、自惭形秽、颓唐压得抬不起头,你们唯一所能依靠的就是自己,就是自己生命的力量。

魔力悄悄话

那些受苦受难,孤寂无援,饱尝凌辱的人,不要被妄自菲薄、自惭形秽、颓唐压得抬不起头,你们唯一所能依靠的就是自己,就是自己生命的力量。

对自己负责

人活在世上，不免要承担各种责任，小至对家庭、亲戚、朋友，大至对国家和社会。这些责任多半是应该承担的。此外，还有一项根本的责任，便是对自己的人生负责。

每个人在世上都只有活一次的机会，没有任何人能够代替他重新活一次。如果这唯一的人生虚度了，也没有任何人能够真正安慰他。认识到这一点，对自己的人生怎么能不产生强烈的责任心呢？在某种意义上，人世间各种其他的责任都是可以分担或转让的，唯有对自己的人生的责任，每个人都只能完全由自己来承担，丝毫依靠不了别人。

不止于此，对自己人生的责任心是其余一切责任心的根源。**唯有对自己的人生负责，建立了真正属于自己的人生目标和生活信念，他才可能由之出发，自觉地选择和承担起对他人和社会的责任。**正如歌德所说："责任就是对自己要求去做的事情有一种爱。"因为这种爱，所以负责本身就成了生命意义的一种实现，就能从中获得心灵的满足。相反，一个不爱人生的人怎么会爱他人和事业？一个在人生中随波逐流的人怎么会坚定地负起生活中的责任？这样的人往往是把责任看作强加给他的负担，看作个人纯粹的付出而索求回报。

一个不知对自己的人生负有什么责任的人，甚至无法弄清他在世界上的责任是什么。有一位小姐向托尔斯泰请教，为了尽到对人类的责任，她应该做些什么，托尔斯泰听了非常反感。因此想到：人们为之受苦的巨大灾难就在于没有自己的信念，却偏要做出按照某种信念生活的样子。当然，这样的信念只能是空洞的。更常见的情况是，许多人对责任的关系确实是完全被动的，他们之所以把一些做法视为自己的责任，不是出于自觉的选择，而是由于习惯、时尚、舆论等原因。譬如说，有的人把偶然却又长期从事的某一职业当作了自己的责任，从不尝试去拥有真正适合自己本性的事业。有的人看见别人发财和挥霍，便觉得自己也有责任拼命挣钱花钱。有的人十分看重别人尤其上司对自己的评价，谨小慎微地为这种评价而活着。由于他们不曾认真地想过自己的人生究竟是什么，在责任问题上也就是盲目的了。

所以，人活在世上，必须知道自己究竟想要什么。一个人认清了他在这世界上要做的事情，并且在认真地做着这些事情，他就会获得一种内在的平静和充实。他知道自己的责任所在，因而关于责任的种种虚假观念都不能使他动摇了。如果一个人能对自己的人生负责，那么，在包括婚姻和家庭在内的一切社会关系上，他对自己的行为都会有一种负责的态度。如果一个社会是由这样对自己的人生负责的成员组成的，这个社会就必定是高质量的、有效率的社会。

魔力悄悄话

人活在世上，必须知道自己究竟想要什么。一个人认清了他在这世界上要做的事情，并且在认真地做着这些事情，他就会获得一种内在的平静和充实。

把握人生的方向

生活是海洋，人生是条船，把握好自己人生的航向，这比什么都重要。

一个人一生的生活道路总是不平坦的，不知道会遇到什么事情，人这一生什么都可能经历，什么事情也都会发生，很多事情是不可预料的。但不管遇到什么样的事情，都要把握好自己人生的航向。

人生就是这样，不可能总是一帆风顺的，不经历一些挫折、艰难和坎坷，那还叫什么人生？四平八稳、风平浪静，这样的生活一点儿波澜也没有，又有什么意思？这样的生活是乏味的，是枯燥的。

生活就是沸腾的海洋，就要有大风大浪，那才叫波澜壮阔。人生就是在大海上航行，不是在小河沟里撑船，在大海上乘风破浪才有情怀，才有豪迈，才有壮观的感觉。人生就该这样，就该在波澜壮阔的大海上乘风破浪前进。

在我们生活的海洋里，在我们人生的航程上，不总是有灿烂迷人的风光，不仅是豪迈和激情，更多的是严峻的考验，脚下是急流险滩，也有漩涡和暗礁，有无数看不到的艰险，我们人生的航船随时都有可能撞到暗礁，我们随时都有可能葬身大海，遭遇灭顶之灾。

生活容易吗？人生容易吗？那可不是朗诵浪漫的爱情诗篇，那可不是你梦想之中的那样富有诗意。

生活就是生活，它是现实的；人生就是人生，没有什么平坦的道路可走。不像我们在青春的花季里想象的那样。

把握自己人生的航向，这是人生面临的重要课题。

人生几十年，走好自己的路就要有自己的思考，有坚定的意志，坚持自己的信念，坚持自己的追求，不能放松对自己的要求，更不能糊里糊涂地度过自己的人生。人生不能虚度,自己要对得起自己。

一个人一生不可能不犯错误,不走弯路,但经常反思自己,反思自己所走过的道路,反思人生的得与失,这是很有必要的。知道自己为什么会犯这样的错误,知道自己的错误在哪里,以后才能少犯错误,少走弯路,使自己这只人生的小船不至于偏离正确的航线,更不会葬身生活的大海,沿着人生的航线,乘风破浪前进,谱写我们人生灿烂的篇章。

魔力悄悄话

生活就是生活,它是现实的;人生就是人生,没有什么平坦的道路可走。不像我们在青春的花季里想象的那样。

稳定人生每一步

有人说:"人生什么都可以修正,就是无法修正自己的脚印。"因为脚印的意义不在于它是否拼成完美的图画,而在于它证明了你奔向前方的途中曾经的努力。

经历的坎坷越多,留下的脚印就会越清晰;负载越重,留下的脚印就会越深刻;也正因有了这样一个个、一串串、一片片不同的脚印,我们的人生之路才值得细细品味,我们的人生之路才能永远铭记。

人生是稿子,脚印有如文字。每个人都在用文字记寻着自己的一切,用文字描写着自己的人生。

嫣然回首,望着走过的路和正在走的路。每一个脚印都印证着人生的画卷,铭记着人生的喜怒哀乐。

人生所有的生命都有尽头,没有尽头的是开拓者的脚步。聪明的人坦然地走自己的路,留下脚印任人评说;而愚蠢的人一步一回头,听着别人对脚印的评说挪不开脚迈不开步;因此,每一个脚步虽大小不同,却验证了不同的一段路程、一段经验、一段回忆。

因为有了人生的脚印,我们体会到了前人的伟大和今人的奋发。因为有了人生的脚印,我们感受到从前的酸甜苦辣和现在的苦尽甘来。当然,我们不要求每一个脚印下都是甜蜜与快乐,留下的都是微笑与幸福,记下的都是满足与美,但求漫漫人生路上无愧、无悔、无憾与每一个脚印。

"路漫漫其修远兮,吾将上下而求索。"诗人屈原的这句名言,就是对人生之路的最好注解。

不管是谁,只要重担在肩,凤夜匪懈,谨愿百忙之中,起居有节,身心长健,事事常顺。您要清醒头脑,笑对人生,走自己的路,稳定人生的每一步脚印,走好人生的每个环节,不要让短暂的人生之路布满悔恨、愧疚、遗憾,走好人生的每一步,才能感受曾经的深深记忆和感受过往的种种情感;静静地提醒你,珍惜这脚印里的漫漫人生路吧。

魔力悄悄话

　　我们不要求每一个脚印下都是甜蜜与快乐,留下的都是微笑与幸福,记下的都是满足与美,但求漫漫人生路上无愧、无悔、无憾与每一个脚印。

展示自己最好的一面

在漫长而又短暂的人生道路上,生命是不可能尽善尽美的,所以要学会去展示最好的自己。

展示最好的自己是非常重要的。读书学习,欣赏艺术,对生活乐观的心态,有高昂的自信心,心地善良,关怀别人,自爱而有尊严,给别人以宽容,给自己以信心,这都是展示最好的自己的重要色彩。

生命是一个什么样子呢?如果你是一个积极向上,努力奋斗意志坚强的人,你肯定会用满足的、积极向上的眼光去看待命运的,你会感觉自己的生命是整个世界中最幸运的、最幸福的。自己的父母是最辛苦的,期盼他们身体健康。自己的兄弟姐妹无微不至地关心着自己,有那么多亲朋好友帮助自己,能够把不幸看作是大幸,世界处处充满阳光。

如果你是一个庸庸碌碌、虚度时光没有付出的人,你肯定会用消极挑剔的眼光去看待命运,你会感觉自己的生命是整个世界中最不幸的。出身不高贵,父母没本事,兄弟姐妹不资助,亲朋好友不帮忙,怨天怨地整个世界是不公平、阴暗的。

人生每一个时刻都会有逆境和挑战的,每一次挑战和逆境都暗藏着机遇。所以你要把这些挑战、逆境和机遇,都要看作是上帝为了化妆你的生命而安排的。在遇到逆境和不幸时,要把自己看作是冬天落叶的大树,虽然现在没有了枝繁叶茂,但是根正在养精蓄锐、积蓄力量,等待着转机这个春天的到来。在这个时候就需要用乐观来化妆苍白的生命了,乐观地去面对同事、亲朋好友的冷嘲热讽,乐观地去面对这生命中的不幸。其次是用知识去展示最好的自己,在逆境中充电学习是非常重要的,要把逆境中的"闲",看作是上帝给自己安排的一次学习机会,是让知识和修养去完善充实自己,是一次难得的一次"大修保养"机会。

在遇到逆境和不幸时,一个不善于用乐观和知识去展示自己的人,不敢正确地去面对逆境和不幸,惧怕同事和亲朋好友的冷嘲热讽,惧怕逆境这个寒冷的冬天,往往会一蹶不振,轻者大病一场,重者自绝于生命。

在顺境中展示最好的自己也是必要的。当官了不要得意忘形,要注意自己的一言一行,要大公无私竭尽全力地为人民服务,面对这次机遇,要明白官运是短暂的道理,人民的口碑就是对你生命的最好化妆。经过自己奋斗,抓住了机遇老人对自己的青睐,自己赚了很多很多的钱,要明白钱是身外之物,生不带来死不带去,给儿孙留多少是个够。要学会用慈善来化妆自己的生命,大的可以建几所学校,修几条公路,可以树碑立传名垂青史。小的可以资助贫困学生,关爱残疾人、孤寡老人,也可以流芳百世。展示最好的自己是有传染性和遗传性的,是可以宽广你的胸怀抒展你的生命的,是最好的光宗耀祖。

魔力悄悄话

我们每个人都明白人生是一场空,但是空也有过充实的过程;纵然人生是白忙一场,也要忙的乐观。生命不在长短,而在内容的美丽。让我们去展示最好的自己,去迎接精彩生命的起伏跌宕吧!

第八章
种植宽容　收获信任

　　宽容是修养。容人之量，是个人修养的内涵形态，容人之度，是个人修养的外在彰显。既要能容人之长，亦能容人之短。宽容并非纵容，忍让不是迁就。正是"让人非我弱，弱者不让人。"有思想内涵的人，会着眼长远系统地思考问题，宽容是他的人格魅力之体现，从容不迫是想大事、干大事的风度。修为好的人，不但容人，还能容己，有着良好健康的心态。

　　宽容是美德。学会宽容，就要多些理解，少点猜忌；多些尊重，少点自我；多些思考，少点挤兑；多些交流，少点冷寞。读懂宽容，就是"三人行必有我师"。

宽容是人生的最高境界

宽容是一种美德,包容是一种胸怀,我曾看到一位老人的一首诗,他称赞:宽容是蔚蓝的大海,纳百川而清澈明净;宽容是高阔的天空,怀天下而不记仇恨怨愤;宽容是灿烂的阳光,送你甘霖送你和风;宽容是延续生命,生命的辉煌也只有闪烁的一瞬;宽容大度才能超越局限的自身,一语宽容,雨露缤纷,一生宽容,心系乾坤。

人到老年,仿佛湍急的河流渐趋平缓,曾经激昂的情绪归于平和,曾经浮躁的心态变得踏实,曾经的有过的怨和恨也渐渐淡化,许多人生故事都变成美好的往事……

随着岁月的流逝,年龄的不断增加,人逐渐地懂得宽容,学会包容。容易回首往事,找出自己人生中的缺憾,更加珍惜友情亲情。因为当你苦过,累过,笑过,哭过,让人伤害过,被人宽容过。这时的你,把人世间的一切看透了,所以你才明白人生如戏,再认真其实不过是匆匆的几十年,你走过的桥比别人路多时,你才领悟到:

人活着,没有必要事事认真,为鸡毛蒜皮的事去计较,生活让人学会了宽容。宽容了别人,等于善待了自己。它能使自己的生活变得轻松,快乐。经历过风和雨,才能领悟到人生的苦和乐,爱与恨,才知道人生中应该忘记什么,记忆什么,放弃什么,学会什么,那样才是举重若轻。我想,最该忘记的是你曾帮助的人,你最应该原谅是曾经伤害过你的人;最该放弃是功过是非、名利得失,最需要学会的便是宽容别人。

人生的道路很漫长,在这人生的道路上,我们遇到很多挫折和困难,也许遇到许多的误解和不快,这时候要学会宽容,宽容友谊能够天长地久,宽容的爱情能够幸福美满,宽容的世界才能和谐美丽,一个人有了宽大的胸怀,有了可以容纳万物的心,才能够成就一番事业,才能够快乐而幸福的生活。

宽容是一种修养,是一种境界,是一种美德。宽容是原谅可容之言、饶恕可容之事、包涵可容之人。

宽容,当需要有够大的心胸。我想世间最大的还是弥勒佛的肚子:"大肚能容,容天容地,于己何所不容;开口便笑,笑古笑今,凡事付之一笑。"这是何等的心胸啊!从中我们不难看到,宽容和笑、愉快在弥勒佛的境界里是连在一起的。有了宽容的胸怀,才有容天容地、容江海的崇高和博大,才有来自心底的真挚笑容,大千世界,日月轮回,时事境迁,人心思变,所以,于己要多责,责自己无知无识;对他人,要多欣赏,赏他人有高有低。人生有了这种宽容的气度,才能安然走过四季,才能闲庭信步笑看花落花开。

宽容,首先要能容人言。人言有褒贬诤谗之分,褒奖之语,应多责自己的不足之处、不明之事,才不至于在褒举重跌落下来。贬抑之语,无论多么残酷、无稽,也要坦然处之。大将军韩信的"胯下之辱"无疑是对大将军驰骋天下、成就伟业的胸襟的一种锤炼。诤言更要珍惜,在当今社会,每个人的个性都有了肆意张扬的环境,难免会有不经意的膨胀。诤友诤言无异于苦口良药,着实难得,更要听得进、记得住、改得快。

最害人的要是谗言,尤其是有了地位、有了有求于你的人后,易被谗言的甜蜜伤及元气。乾隆是一国之君,可以说有宽容之量,他容得和坤的媚语搔痒,却更懂得用纪晓岚的诤言来进行"中和"和"补偿",以维持一种心理的平衡。所以,语言是人与人交往的首要工具,宽容之人要善听、善辩、善纳、善弃,兼听则明,偏听则暗,不可偏薄。

宽容,最重要的是容人,它是容言、容事之根本。人,也有高低之分,学人之长,是宽容修养的基础,所以,做起来也比较容易。但是,容人之短,尤其是容持不同观点的人的缺点,则需要较大的胆识,所以,要用真诚的心来观察他人的长处,容纳他人的不足,善于发现、培养、发挥他人的长处,求同存异,共同发展,互惠互利,才能成就事业,拥有更多的成功。

所以,宽容是人之博大、人之崇高、人之快慰的优良品德。在这世界构建的新的文明中,愿更多的朋友,能拥有一颗宽容之心,宽厚待人,宽厚至语,宽厚做事。宽容于己不会失去什么,反而可以收获快乐,收获成功,会给人间增添多一些的欢乐和温情。

朋友,从你的一言一行开始,修一颗宽容之心吧。愿你拥有比海洋还宽阔的胸怀,拥有比日月更长久的幸福。

要想切断痛苦的源头,唯一的办法就是学会宽容。宽容于人,宽容于事,无非是不去逞强斗狠罢了,得到的却是安然、宁静、和谐与友好,其善莫大焉。俗话说:"与人方便,自己方便。"

所以说,宽容是人生的一座桥,将彼此间的心灵沟通。走过这座桥,人们的生命就会多一份空间,多一份爱心,人们的生活就会多一份温暖,多一份阳光。一个人有多大的胸怀,就能成就多大的事业!

学会宽容别人,因此我们的心胸变得宽阔了。因为宽容之于爱,正如和风之于春日,阳光之于冬天,它是人类灵魂里美丽的风景。有了博大的胸怀和宽容一切的心灵,宽容自然会散发出浓浓的醇香。宽容能使我活得轻松,使我的生活更加快乐。

比地大的是海,比海大的是天,比天大的是胸怀。

魔力悄悄话

有了博大的胸怀和宽容一切的心灵,宽容自然会散发出浓浓的醇香。宽容能使我活得轻松,使我的生活更加快乐。

宽容最快乐

　　宽容应该是一种人类精神,是一种善良,一种美;是一种胸怀和气度;更是一种境界。只有善良的人,心胸中才有宽容,只有慈悲的心灵里才能放得下宽容。宽容是美好心灵的代表!宽容别人不但自己轻松自在,别人也舒服自然。宽容是一种坚强,而不是软弱。是一种修身之法,是一种充满智慧的处世之道。宽容别人其实就是宽容自己,它可以化解许多不必要的误会。多一点对别人的宽容,我们生活就会多一点空间。

　　宽容就是忘却,人人都有痛苦,有伤疤,有弱点,在他最薄弱的方面动辄去揭,便添新创!忘记昨日是非,忘记别人对自己的指责和谩骂,学会忘却,生活才有阳光,才有欢乐。宽容是不计较,事情过了就算了。

　　每个人都会有错误,如果执着于其过去的错误,就会形成思想包袱,不信任、耿耿于怀、放不开,限制了自己的思维,也限制了对方的发展。即使是背叛,也并非不可容忍。

　　宽厚待人,容纳非议,乃事业成功、家庭幸福美满!事事斤斤计较,活得也累!学会宽容就是忍耐!别人的批评、朋友的误解,过多的争辩和"反击"实不足取,唯有冷静、忍耐、谅解最重要!

　　宽容并不是纵容,不是免除对方应该承担的责任。任何人都需要为自己的行为负责;任何人都要承担各种各样的后果!人生苦短,譬如朝露,去日何多!别给自己留下太多的苦恼和遗憾,想笑就笑,想哭就哭,想爱就爱,无谓压抑自己,不要管人家怎么想,怎么看,只要自己觉得很开心,很幸福就行!

　　风雨兼程,不去想是否能够成功,出生的时候,你哭着,周围的人笑着,老去的时候,你笑着,周围的人为你哭着!一切都是轮回!人到世间,不为苦恼而来,别天天板着面孔,整日忧愁、悲伤、苦恼、失意,这样的人生不会有乐趣。

好好想一想人的一生有多少天? 春夏秋冬不停的轮回,无数生命接受着这无情的安排,过了一天便少了一天,匆匆来过,又匆匆离去,也许经不起情感的牵绊,有过依恋,有过无奈,可是该走的注定要离开,错过了便是永远!

一生对时间来说,做的永远是减法,从出生那天开始,便开始了万物的倒计时。当春天来临时,花开的声音曾给世人带来多少温情,多少欣喜,可是又有多少人能体会春花凋谢的美丽与哀愁。当满树繁花随风飘零,面对死亡,没有一朵花会犹豫。她们会在生命的最后一刻露出绝美的微笑,在她们看来,只要能绽放,哪怕短短的一瞬,也便不负此生了。柔美中带着刚强,带着对来世的希望。

一声梧叶一声秋,一点芭蕉一点愁。"秋"字加上"心"字就成了愁,秋天总是最让"莫等闲,白了少年头,空悲切!"朋友们,昨天一去不复返,今天就在脚下,明天正向我们招手。珍惜生命中的每一天吧,要知道人的一生只有三天! 人怀旧的。收获的季节,果实完成了它的使命,无数次的风吹雨打,它默默地承受着,痛苦地成长着,只想为精心培育它的主人带来丰收的喜悦。它做到了,也该悄然离去了,无怨无悔。它的一生就是这样痛并快乐着,但它仍然坚持着,也许在它生命的最后一刻,它也会像春花那样盼望着来生。

万物本不是完美的,不管是春之花,夏之果,秋之实,冬之草,他们的成长都不是一帆风顺的,总有这样那样的缺憾,但他们都努力过,奋斗过,坚持过,有种凄凉,坚持到最后,才不会失落,虽不完美,但却美丽!

人的一生到底有多少天? 概括总结起来:人的一生只有三天,翻过去的是昨天,迎面走而来的是明天,需要好好把握的是今天。

昨天,是历史的过程,是失败的经验,也是成功的记录;是时间的告别,是空间的定格,也是永恒的象征……昨天是我们成长的阶段源泉,但它不能再度来临,无法再为我们增添辉煌。生命是需要跋涉的,不管昨天你有多少功绩,不管昨天你花园里开满多少花朵,不管昨天你有多少懊悔,那都是属于昨天的。我们不应该唠唠叨叨地诅咒或者怀念过去,后悔不该做的事,忏悔又忏悔。我们要以昨天为奠基,记取昨天,为今天创造辉煌!

今天,是一个新的开始,需要我们前进,你也许想在今天踏踏实实地干一番事业,取得令人满意的成绩。但随着时间的过去,你今天似乎什么事也没有做,于是想待到明天再重来。可是"人生百年几今日,今日不为真可惜;若言姑待明朝至,明朝又有明朝事。"富兰克林说过,"今天是人生唯一生存的时间。"因此,我们要把握好今天,不然,再美丽的今天也只能化为昨天了。当时间存在时,要抓紧时间,因为当时间过去,便没有了时间。

明天,是未来,是生命的希望,是令人向往憧憬的。但说真的,世界上何曾有人真正见到过时间的到来。明天,明天,不是今天,这是懒人们最喜欢说的话。"明日复明日,明日何其多,我生待明日,万事成蹉跎。"对明天寄以浓厚的希望,这是守株待兔的幻想。不要给明天太多的功课,因为我们每天只有一个明天。

说了这么多,归根结底就是世上没有绝对幸福的人,只有不让自己快乐的人!学会宽容让自己快乐吧,忘掉自己的忧愁和烦恼,做自己想做的事,只要开心快乐每一天,对自己负责,你才是最聪明、最优秀和最棒的……

魔力悄悄话

宽厚待人,容纳非议,乃事业成功、家庭幸福美满!事事斤斤计较,活得也累!学会宽容就是忍耐!别人的批评、朋友的误解,过多的争辩和"反击"实不足取,唯有冷静、忍耐、谅解最重要!

宽容方从容

"大肚能容容天下难容之事,笑口常开笑天下可笑之人。"记得这是对弥勒佛祖的写照,常人若能如此将是何等修为。诚然,这是很难的事,但也是可以追求的个人修养呀。

无论是两人相对,还是小至家庭,大到社会,宽容都是难能可贵的。有人说"有容乃大",广告词说"有容乃悦",我不敢奢谈,"宽容才能从容"却是我所信奉并积极追求的。宽容是宽大有气量,不计较,不苛求,不追究,是对人对事的态度,是能容纳不同的意见,容忍谦让不同的态度。从容是沉着、冷静、不慌忙,是做人做事、举止言行的风度。能留给别人思考的时间,就是撑起自己的蓝天。只有宽容,才能从容。正如古希腊一位哲人所说的:"学会宽容,世界会变得更为广阔,忘却计较,人生才能永远快乐。"

宽容是修养。容人之量,是个人修养的内涵形态,容人之度,是个人修养的外在彰显。既要能容人之长,亦能容人之短。宽容并非纵容,忍让不是迁就。正是"让人非我弱,弱者不让人。"有思想内涵的人,会着眼长远系统地思考问题,宽容是他的人格魅力之体现,从容不迫是想大事、干大事的风度。修为好的人,不但容人,还能容己,有着良好健康的心态。

宽容是美德。学会宽容,就要多些理解,少点猜忌;多些尊重,少点自我;多些思考,少点挤兑;多些交流,少点冷漠。读懂宽容,就是"三人行有我师",允许自己有错,也允许他人有错,给予反思的时间,改正的机会。莫道是非终日有,果然不听自然无。做事时要多想不多说,主见不主观,平凡不平庸。遇事少言多思,学会讲话,懂得什么时候缄默不语,缄默是成就大事的因素。实践宽容,人与人间就应互谅所短,互见所长;共担风雨,共享阳光;追求快乐,追求和谐。

　　宽容是教育。相传古代有位老禅师，一日在禅院里散步，突见墙角边有一张椅子，他一看便知有位出家人违犯寺规越墙出去溜达了。老禅师也不声张，走到墙边，移开椅子，就地而蹲。少顷，果真有一小和尚翻墙，黑暗中踩着老禅师的背脊跳进了院子。当他双脚着地时，才发觉刚才踏的不是椅子，而是自己的师傅。小和尚顿时惊慌失措，张口结舌。但出乎小和尚意料的是师傅并没有厉声责备他，只是以平静的语调说："夜深天凉，快去多穿一件衣服。"老禅师宽容了他的弟子，他的弟子却知道该怎样去做了。这样的宽容，是一种无声的教育。很多时候，你宽容了别人，他会醒悟的，即使没有明确道歉，内心也会忏悔的。

　　宽容才从容。能宽容别人，就会减少很多没必要的不愉快，就能和谐地处理好相应的人际关系和该做的事。现代医学家、美国哈佛大学医学院威迪安特教授近年公布了一项报告，他们对208位男性大学生从18岁起做了整整60年的跟踪研究发现，活得最长的是那些从容不迫，宽容别人，心胸坦荡的人。有这种能力的人，比加强体育锻炼、饮食习惯良好的人更加健康长寿。能做到宽容，才能感受到从容，利人利己，利于工作，利于和谐，利于健康。明代养身学家吕坤在《呻吟语》中告诫人们："天地万物之理，皆始于从容，而卒于急促。"并说"事从容则有余味，人从容则有余年"。所以说做人做事还是留有余韵的好。

魔力悄悄话

　　有思想内涵的人，会着眼长远系统地思考问题，宽容是他的人格魅力之体现，从容不迫是想大事、干大事的风度。修为好的人，不但容人，还能容己，有着良好健康的心态。

做人要心怀感恩

因为活着,所以我们应该感恩。感恩是一种宽容和豁达,是一种伟大的情操。世上的一切都值得我们感恩,只有心怀感恩,我们才会生活得更加美好。

一次,美国前总统罗斯福家失盗,被偷去了许多东西,一位朋友闻讯后,忙写信安慰他,劝他不必太在意。罗斯福给朋友写了一封回信:"亲爱的朋友,谢谢你来信安慰我,我现在很平安。感谢上帝:因为第一,贼偷去的是我的东西,而没有伤害我的生命;第二,贼只偷去我部分东西,而不是全部;第三,最值得庆幸的是,做贼的是他,而不是我。"对任何一个人来说,失盗绝对是不幸的事——晦气又恼火,而罗斯福却找出了感恩的三条理由。

在现实生活中,我们经常可以见到一些不停埋怨的人,"真不幸,今天的天气怎么这样不好""今天真倒霉,碰见一个乞丐""真惨啊,丢了钱包,自行车又坏了""唉,股票又被套上了"……这个世界对他们来说,永远没有快乐的事情,高兴的事被抛在了脑后,不顺心的事却总挂在嘴上。每时每刻,他们都有许多不开心的事,把自己搞得很烦躁,把别人搞得很不安。

其实,所抱怨的事并不是什么大不了的事,在日常生活中是经常发生的一些小事情。但是,明智的人一笑置之,因为有些事情是不可避免的,有些事是无力改变的,有些事情是无法预测的。能补救的则需要尽力去挽回,无法转变的只能坦然受之,最重要的是要做好目前应该做的事情。

有些人把太多事情视为理所当然,因此心中毫无感恩之念。既然是当然的,何必感恩?一切都是如此,他们应该有权利得到的。其实正是因为有这样的心态,这些人才会过的一点也不快乐。

有些人说:"我讨厌我的生活,我讨厌我生活中的一切,我必须做一点改变。"这些人必须改变的是他们不知感恩的态度。如果我们不懂得享受我们已有的,那么,我们很难获得更多,即使我们得到我们想要的,我们到时也不会享受到真正的乐趣。在现实生活中,我们常自认为怎么样才是最好的,但往往会事与愿违,使我们不能平静。我们必须相信:目前我们所拥有的,不论顺境、逆境,都是对我们最好的安排。若能如此,我们才能在顺境中感恩,在逆境中依旧心存喜乐。其实活着就值得庆幸。

一天,一位乡下汉子在过桥时不慎连人带小四轮拖拉机一头栽进一丈多深的河中。谁知,眨眼工夫,这位汉子像游泳时扎了一个猛子般从水里冒了出来,围观的人将他拉了上来。上岸后那汉子竟没有半丝悲哀,却哈哈大笑起来。人们惊奇,以为他吓疯了。有人好奇地问他:"笑什么?""笑什么?"汉子停住笑反问,"我还活着,而且连皮毛都没伤着,难道不值得笑?"世上再没有比活着更值得庆幸的。明白了这个道理,人生才会充满感恩,才会充满欢乐。

感恩不纯粹是一种心理安慰,也不是对现实的逃避,更不是阿Q的精神胜利法。感恩,是一种歌唱生活的方式,它来自对生活的爱与希望。如果在我们的心中培植一种感恩的思想,则可以沉淀许多浮躁、不安,消融许多不满与不幸。

魔力悄悄话

学会感恩吧,感恩伤害你的人,因为他磨炼了你的心志;感恩欺骗你的人,因为他增进了你的见识;感恩鞭打你的人,因为他消除了你的业障;感恩遗弃你的人,因为他教导了你应自立;感恩绊倒你的人,因为他强化了你的能力;感恩斥责你的人,因为他助长了你的定慧……感恩所有使你坚定信念和取得成就的人。

宽容是一种爱

　　宽容是一盏明亮心灵之路的灯,宽容化解人与人之间的冰冻,是人与人相互沟通的桥梁。所以,我喜欢宽容。

　　宽容他人,就是站在他人的角度上考虑问题,给他人一个快乐的空间,在人与人相处之中,总是会遇到一些矛盾,没有矛盾就没有世界。纵观历史,许多宽容别人的人都受到了别人的尊敬。宽容他人,就是蔺相如对廉颇忍耐;宽容他人,就是齐桓公对管仲的不计前嫌;宽容他人,就是诸葛亮对孟获的大度。宽容他人,使自己得到一种快乐,一种愉悦,是一种自己架起的人生沟通的桥梁,宽容是一种智慧。

　　宽容自然,就是一种豁达。自然的力量是无穷的,人的力量和自然相比,就是沧海一粟,微不足道,天气不好的时候,总是有人抱怨,可仔细想想看,抱怨是没有用的,该来的还是要来,自然是不会根据人类的想法而改变的。去抱怨天气,生活在抱怨之中,不如换一个角度去思考,去感恩于自然,去想想人类的过失,学着反思,学着去宽容自然。我们应该宽容自然,宽容自然,是人生的大智慧。宽容是抑郁时的解决方法,使你豁然开朗;宽容是人生航船上的指明灯,指引你前进;宽容是烦恼时的一缕微风,轻轻的抚去心中的不快。

　　在这个充满竞争的世界里,我们每时每刻都会遇到困难,遇到让人心烦而又解不开的结。某一天,当你的心情犹如平静的湖面时,有个人或事会像一颗石子一样丢进了你心灵的湖面里,一石激起千层浪,你无法去平静。于是你去计较,去争议,其实这又是何必呢? 这些烦恼就是所谓的抽刀断水水更流,并且还会如影子一样跟随着你,你永远也不可能去计较的完全明了,争论了一件还有另一件在等着你。

宽容是一种智慧。宽容自己，就是给自己一片快乐的空间；宽容他人，就是站在他人的角度思考问题，给他人一片快乐的空间；宽容自然，就是一种豁达。

古语说得好："海纳百川，有容乃大。"大海之所以浩瀚无边，是因为它能容纳百川。天空之所以蔚蓝，是因为它有广阔的胸襟和博大的胸怀。

宽容自己，就是给自己一片快乐的空间，战胜困难。人生的道路并不是一帆风顺的，总是会遇到困难与挫折，面对困难时，应正视困难，战胜困难宽容自己，纵观历史，许多宽容自己的人都有了伟大的成就。周处摆脱自己的过去，重新做人，为国家效力，是宽容自己；司马迁面对困难不放弃，坚持写《史记》，是宽容自己；勾践面对挫折不气馁，实施伟大抱负，是宽容自己。宽容自己，也就是给了自己一片快乐的空间。

如果要守护心灵的那片净土，或者给自己的生活以更多的明媚和阳光，不妨请用宽容来代替你的忌妒，你的计较，你的争论。

因为宽容一个人，一件事后，你就会觉得你的爱在升华，然后这种宽容也在漫延开来，直至被你宽容的那个人。你会觉得这个世界上还有许多值得去追求和要做的事，而那些刚刚去争论的事并不值得你付出如此的心血。哪里有那么多宝贵的时间和感情可以浪费？我认为，宽容一个人首先自己要做个心胸宽广的人，一个斤斤计较的人是不可能真正宽容一个人的。即使表面上宽容了，有的也只是虚情假意，有的只是暂时忍让，图谋时机等待报复。只有心胸宽广的人才能从内心去原谅一个人，真正的用爱去对待一个人，这样的宽容才有意义才是大智。当然了，宽容一个人，并不是一味地后退，毫无原则的忍让，宽容的只是该去或值得宽容的人，一个从内心还充满善良，在精神上还可以去充实的人，也只有这种人才值你去爱他，值得你去宽容他。

可以说，人生最大的美德是宽容，就像大海，无论是汹涌澎湃，还是风平浪静，它都能承受；就像天空，不管是电闪雷鸣，抑或是碧空万里，它总是平静对待。最广的是天，最阔的是海，如果我们也能如天空、像大海那样宽容一切，相信最美的一定是人的心。记住别人的优点，忘记别人的缺点，记住别人的好处，忘记别人的错处，以真诚的微笑去宽容人，既能感化别人，又能给自己带来一份好心情,何乐而不为呢?

　　当然,由于每个人所处的环境、接受的教育程度、性格、思想、情趣、脾气不同。人与人之间难免就会有误解和矛盾。但如果人人都能多一点忍让,多一份理解,相信人与人之间的相处就会和谐而友好。一个不会宽容的人,相对来说也就较少快乐,凡事斤斤计较又怎能发现世上那么多的美丽呢,所以说宽容也是一种境界。富有爱的人才会有一颗宽容的心,用宽容的心去对待你身边的每一位人。如果你希望拥抱快乐、获得真爱,那就敞开心怀去宽容别人,那样就会给你带来意想不到的收获。

魔力悄悄话

　　宽容待人是一种高尚的美德,是一种道德思想修养,也是人生的真谛,你能容人,别人才能容你,这是生活的辩证法则。只有容人之长,容人之短,容人个性,容人之过的人,才是真正有修养、有美德的人。

生命是一场懂得

小时候,以为天上的星星永远是那样的明亮,月亮永远是圆的,生活永远是艳阳高照,充满了快乐和幸福。长大后,目睹了太多的悲欢离合。关于生活,关于爱情,关于承诺,如云烟过往。慢慢的懂得,生活有快乐就有痛苦,故事有开始就有结束。岁月是一种轮回,人生是一种历练。成长会让人学会坚强,在经历了许多之后,我们才能更好的体会生活,懂得生活,学会生活。

慢慢的才懂得,人的一生不可能是一帆风顺的,你可能正经历着失恋的痛苦,也可能正经历着生活的没落。或是更大的人生磨难。但无论你是快乐的时候,还是悲伤到了极致,都要学会放下,当你紧握双手,里面什么都没有,当你松开双手,就可以去拥抱世界。放下是一种解脱,是一种顿悟,是一种生活的智慧。

放下了,心静了,人生也会随之风平浪静,命运不会总是偏袒你,也不会总是忽略你。它在为你关上一道门的时候,也会为你开一扇窗,学会放下,你的人生将会豁然开朗,生命才能够月朗风清。

慢慢的才懂得,人的一生总会有一次心动的遇见。总会有一个人教会你如何去爱了,却成为你生命中的过客。总会有一个人让你痛的最深笑的最美丽。总会有一个人让你有蓦然回首,那人就在灯火阑珊处的感动,也总会有一个人让你有愿得一人心,白首不相离的决然。与你执子之手,与子偕老给你一生的幸福。

慢慢的才懂得,岁月经得起多少等待,很多人还没来得及说再见就离开了,很多事还没来得及做就已经成为过往了。生命中,谁不曾伤过,痛过,失落过,遗憾过。不是所有的擦肩而过都会相识,不是所有的人来人往间都会刻骨。却原来，千帆过后的离散不过是这世上最平凡的结局。

渴望每一次伸手都能握住一份真诚，喜欢每一次对视都能看到一份温暖。有的时候，刹那就是永恒，感怀人生的际遇。珍惜每一次重逢。岁月沧桑当爱已成歌。生命中留下的只有温暖和感动。

慢慢的才懂得，人生没有彩排，每个人有每个人的精彩。不是所有的人都会完美。你可以不够漂亮但一定要有修养。你可以不够温柔但一定要善良。你可以不够聪明但要懂得学习。你可以没有理想但一定要学会奋斗。你可以很平凡但一定要很努力。你可以不够坚强但哭过后还要记得微笑。你不能改变人生但一定要试着改变自己。学会简单懂得感恩，微笑向暖。

一花一世界，一叶一菩提，一笑一尘缘，一念一清净。慢慢的懂得，红尘看破了不过是浮沉。生命看破了不过是无常，爱情看破了不过是聚散。万物随缘，只要尽力了就好。

慢慢的才懂得，人生最美是淡然。拥有一份平淡就拥有了一份美丽，独守一份平淡就拥有一份幸福。淡然是一种心境，是一份释然，是一种千帆过后的隽永。拥有一颗淡然的心，懂得接受生命中的遗憾，学会珍惜生命中的感动，让心溢满宁静与阳光，笑对红尘过往。在清浅的流年里用心去感知平淡生活中快乐，让心中因为有爱而无悔。

携一缕阳光，品一盏茗茶，听一曲琴音，寻找心灵的栖息地，聆听花开的声音。人生的起起落落总会有一些情怀需要安静回味，总会有一些伤痛需要独自体会，总会有一段路需要一个人走，总会有一些事需要坦然面对。轻捻滑落指尖的光阴，拥有那些静谧的时光。寻找生命的厚度让心不再疲惫。时光深处笑看红尘纷扰。

穿透岁月的沧桑流年里渐渐的感悟。有一种懂得叫珍惜，有一种浪漫叫平淡，有一种幸福叫简单。生活中多一份思索，少一份迷茫。多一份淡定，少一份烦恼。多一份宽容，少一份狭隘。多一份坦然，少一份遗憾。心变得简单日子就会快乐幸福就会生长。繁华落尽终是平淡。原来最幸福的生活就是平淡中活出的精彩。

剪一段流年的时光，握着一路相随的暖。把最平淡的日子梳理成诗意的风景。人生谁不曾伤过痛过执着过感怀过。岁月因为经历而懂得,生命因为懂得而精彩。走过了才明白,往事是用来回忆的,幸福是用来感受的,伤痛是用来成长的。让心在繁华过尽依然温润如初。带上最美的笑容且行且珍惜。回眸处爱一直都在。

千帆过后,我们依然怀着一颗感恩的心,学会闲看庭前花开花落,漫看天边云卷云舒的淡然。拥有采菊东篱下,悠然见南山的悠然,拥有得之我幸,不得我命的坦然。依然将所有的美丽都永存于心,依然相信有一天所有的期待都能够春暖花开。

魔力悄悄话

岁月因为经历而懂得,生命因为懂得而精彩。幸福是用来感受的,伤痛是用来成长的。让心在繁华过尽依然温润如初。带上最美的笑容且行且珍惜。回眸处爱一直都在。

生活因宽容而美好

无论什么人，只要他没有尝过饥与渴是什么味道，他就永远也享受不到饭与水的甜美，体会不到宽容的生活究竟是什么样子。

宽容是一种资源。我们在宽容的同时，也在为自己营造着良好的生存空间和有利的发展氛围。

宽容是一种幸福，我们饶恕别人，不但给了别人机会，也取得了别人的信任和尊敬，我们也能够与他人和睦相处。

宽容是一种看不见的幸福。宽容更是一种财富，拥有宽容，是拥有一颗善良、真诚的心。宽容和忍让是人生的一种豁达，是一个人有涵养的重要表现。有人说："一个人不肯原谅别人就是不肯给自己留又余地，须知每个人都有犯过错而须原谅的时候。"

宽容是一种非凡的气度，是对人对事的包容，接纳，海涵和尊重。

宽容是一种博大的精神，是比海洋和天空更宽广的胸襟。

宽容是一种高贵的品质，是精神的成熟和心灵的丰盈。

宽容是一种仁爱的光芒，是释怀别人，也是善待自己。

宽容是一种大度的表现，能包容生活中的喜怒哀乐，可化解人世间的恩恩怨怨。

宽容是一种思想的修养，是一种境界，是一种美德。

宽容就是以常人的心态去面对周围发生的不正常的事，这些事中可能有别人错误，失误，甚至有意的伤害。如果采取不宽容的方式，其结果可能就是争端。

宽容可能失去利益，面子，甚至人的尊严，直到一段时间之后才会让人明白你的宽容。

宽容就是要有宽阔的胸怀。"金无足赤，人无完人"，"退一步海阔天空，忍一时风平浪静。"

宽容可使你表现良好素养，同时也能引发别人的响应。

宽容乃是人类性格的空间。懂得宽容别人，自己的性格就有了回旋的余地，不易发脾气，不易与别人发生正面冲突。

宽容，最重要的因素便是爱心。原谅那些曾伤害过我们的人，这不是一件容易的事，但是如果我们这样做了，就会从中体验到宽容的快乐。尽管不顺心的事随时会产生，若能宽容待人对事，他便拥有了快乐的一生，难道不是人生的幸事么，所以我们应尽量以愉快的心情处理生活上的各种问题，即使忍无可忍，也应采取理智态度来抑制情绪，最终使大事化小，小事化了。

宽容多了，朋友也多了，烦恼也就少了。

宽容一点，我们的生活会更加美好。

魔力悄悄话

其实宽容是一种心态，一种不苛求，不极端，不任性的健康心理。在生活中，能得到别人宽容的人是幸福的，能宽容别人的人是高尚的。

得体淡泊,学会宽容

何为宽容?当一只脚踏在紫罗兰花瓣上时,它却将香味留在了那只脚上,这就是宽容!

天空容留每一片云彩,不论其美丑,故天空广阔无比;

高山容留每一块岩石,不论其大小,故高山雄伟壮观;

大海容留每一多浪花,不论其清浊,故大海浩瀚无际。

宽容是人间的润滑剂,有了宽容,人间就少了许多纠纷,多了一份宁静;少了许多敌对,多了一些美好。有了宽容,人间才会变成美好的天堂。

有一副古联这样写道:和为天下传家宝,忍为人间化气丹。意即只要人与人之间能和睦相处,就是普天下最宝贵的财富;遇事只要奉行一个忍字,再深的矛盾都可以化解。

记住别人的好,忘掉别人的坏,你就会在幸福而又宽容的天空下自由地翱翔!

上苍给了我们同样的生命,当走到人生的尽头时,能够留下的会是什么呢?我们留给别人的又会是什么呢?学会宽容别人,也是善待自己的一种方式。生活,是在宽容中越走越宽广的。时间会冲淡痛苦,但我们为什么要等时间来冲淡呢?学会及早的忘却,及早的原谅,及早的享受生活,生命里美丽的日子不是会多些吗?

岁月的美,就在于它流逝后再也不会回来。能在有限的日子里多些美好时光,就是在延长自己的生命!

学会宽容别人,在我们老的那一天,就会发现生命的每个端点都不再有因狭隘而造成的遗憾,也会给他人的生命增加快乐和亮点。毕竟,只有美,才是永恒的!

信任力——一片冰心在玉壶

水至清则无鱼，人至察则无友。一个人必须具有容纳怨怒与耻辱的能力，再加上包容一切善恶贤愚的态度，才能够宽容他人。

穿梭于茫茫人海中，面对一个小小的过失，常常一个淡淡的微笑，一句轻轻的歉语，带来包涵谅解，这是宽容；在人的一生中，常常因一件小事、一句不注意的话，使人不理解或不被信任，但不要苛求任何人，以律人之心律己，以恕己之心恕人，这也是宽容。所谓"己所不欲，勿施于人"也寓理于此。

学会宽容，意味着您不再心存疑虑。

心理学家指出：适度的宽容，对于改善人际关系和身心健康都是有益的，这种宽容，指的是对于子女或别人在生活、工作、学习中的过失、过错采取适当的"羞辱政策"，有效地防止事态扩大而加剧矛盾，避免产生严重后果。大量事实证明，不会宽容别人，亦会殃及自身。过于苛求别人或苛求自己的人，必定处于紧张的心理状态之中。由于内心的矛盾冲突或情绪危机难于解脱，极易导致机体内分泌功能失调，诸如使儿茶酚胺类物质——肾上腺素、去甲肾上腺素过量分泌，引起体内一系列劣性生理化学改变，造成血压升高，心跳加快，消化液分泌减少，胃肠功能紊乱等等，并可伴有头昏脑涨、失眠多梦、乏力倦怠、食欲缺乏、心烦意乱等症候。紧张心理的刺激会影响内分泌功能，而内分泌功能的改变又会反过来增加人的紧张心理，形成恶性循环，贻害身心健康。有的过激者甚至失去理智而酿成祸端，造成严重后果。而一旦宽恕别人之后，心理上便会经过一次巨大的转变和净化过程，使人际关系出现新的转机，诸多忧愁烦闷可得以避免或消除。

宽容，意味着你不会再为他人的错误而惩罚自己。

宽容是一种博大，它能包容人世间的喜怒哀乐；宽容是一种境界，它能使人跃至大方磊落的台阶。只有宽容，才能"愈合"不愉快的创伤；只有宽容，才能消除人为的紧张。

宽容，首先包括对自己的宽容。只有对自己宽容的人，才有可能对别人也宽容。人的烦恼一半源于自己，即所谓画地为牢，作茧自缚。电视剧《成长的烦恼》讲的都是烦恼之事，但是他们对儿女、邻居的宽容，最终都把烦恼化为了捧腹的笑声。芸芸众生，各有所长，各有所短。争强好胜失去一定限度,往往受身外之物所累,失去做人的乐趣。只有承认自己某些方面不行,才能扬长避短,才能不因嫉妒之火吞灭心中的灵光。

宽容地对待自己,就是心平气和地工作、生活。这种心境是充实自己的良好状态。充实自己很重要,只有有准备的人,才能在机遇到来之时不留下失之交臂的遗憾。知雄守雌,淡泊人生是耐住寂寞的良方。轰轰烈烈固然是进取的写照,但成大器者,绝非热衷于功名利禄之辈。

俗语有"宰相肚里能撑船"之说。古人与人为善之美、修身立德的谆谆教诲却警示于世人,一个人若胆量大,性格豁达方能纵横驰骋,若纠缠于无谓鸡虫之争,非但有失儒雅,反则终日郁郁寡欢,神魂不定。唯有对世事时时心平气和、宽容大度,就能处处契机应缘、和谐圆满。唐朝谏议大夫魏征,常常犯颜苦谏,屡逆龙鳞,可唐太宗宽容为怀,把魏征看作是照见自己得失的"镜子",终于开创了史称"贞观之治"的太平盛世。

如果一语龃龉,便遭打击;一事唐突,便种下祸根;一个坏印象,便一辈子倒霉,这就说不上宽容,就会被百姓称为"母鸡胸怀。"真正的宽容,应该是能容人之短,又能容人之长。对才能超过者,也不嫉妒,唯求"青出于蓝而胜于蓝",热心举贤,甘做人梯,这种精神将为世人称道。宽容的过程也是"互补"的过程。别人有此过失,若能予以正视,并以适当的方法给予批评和帮助,便可避免大错。自己有了过失,亦不必灰心丧气,一蹶不振,同样也应该宽容和接纳自己,并努力从中吸取教训,引以为戒,取人之长,补己之短,重新扬起工作和生活的风帆。

宽容,意味着你有良好的心理外壳。

宽容,对人对自己都可成为一种无须投资便能获得的"精神补品"。学会宽容不仅有益于身心健康,且对赢得友谊,保持家庭和睦、婚姻美满,乃至事业的成功都是必要的。因此,在日常生活中,无论对子女、对配偶、对老人、对学生、对领导、对同事、对顾客、对病人……,都要有一颗宽容的爱心。宽容,它往往折射出人处世的经验,待人的艺术,良好的涵养。学会宽容,需要自己吸收多方面的"营养",需要自己时常把视线集中在完善自身的精神结构和心理素质上。否则,一个缺乏现代文明阳光照射的贫儿,当被人们嗤之以鼻,不屑一顾。当然,宽容绝不是无原则的宽大无边,而是建立在自信、助人和有益于社会基础上的适度宽大，必须遵循法制和道德规范。对于绝大多数可以教育好的人，宜采取宽恕和约束相结合的方法；而对那些蛮横无理和屡教不改的人，则不应手软。从这一意义上说"大事讲原则，小事讲风格"，乃是应取的态度。**处处宽容别人，绝不是软弱，决不是面对现实的无可奈何。在短暂的生命里程中，学会宽容，意味着你的思想更加快乐。宽容，可谓人生中的一种哲学。得体淡泊，学会宽容！**

魔力悄悄话

宽容，是人不可缺少的品质；宽容之美，亦是生活中不可或缺的点缀。尽管人情易反复、世路多崎岖，只要我们时时能以一颗宽容之心待人，何愁世间不能多温暖、人生不能多坦途、社会不能更美好？

第九章
用能力让人信服

一个人是不是有思想，不是看他能不能写文章，能不能口若悬河，而是看他是否经常在一个人的时候，能不断沉思、不断感悟。如果他有沉思、有感悟，那么他就会有思想。

一个人有没有能力，不是看他知道什么，能做什么，而是看他是否经常"悟到"，"悟到"了，能力就形成了，因为，只有悟出的才是自己的！在不断解决问题的过程，形成稳定的思维模式。真正的自信心是一种稳定的思维体系。思维方法体系就好比一个生命的总坐标体系，是生命一切行为的指挥系统。

做个有能力的人

现在是一个从资格社会向能力社会转换的重要历史阶段,人的发展最终可依靠的就是能力。那么什么是能力呢? 又需要怎样培养呢?

1. 只有悟出的才是自己的——能力之本质

一个人有没有文化,不是看他有什么文凭,也不是看他读了多少书,而是看他每天是否有所感悟,如果他不善于感悟,那么他就是一个"粗人"。

一个人是不是有思想,不是看他能不能写文章,能不能口若悬河,而是看他是否经常在一个人的时候,能不断沉思、不断感悟。如果他有沉思、有感悟,那么他就会有思想。

一个人有没有能力,不是看他知道什么,能做什么,而是看他是否经常"悟到","悟到"了,能力就形成了,因为,只有悟出的才是自己的!

2. 自信心是能力的第一要素——能力之要素

能力是一种可能性,是一个人努力运用条件实现目标的可能性。我的能力公式是:能力 = 态度 + 条件 + 目标。因此,能力的第一要素是态度,是人的倾向、是人的努力。人的主观能动性,其核心是自主选择,其实就是自信心。

自信亦称自信心,是一个人相信自己的能力的心理状态,即相信自己有能力实现自己既定目标的心理倾向。自信是建立在对自己正确认知基础上的、对自己实力的正确估计和积极肯定,是自我意识的重要成分。

怎样提高自信心呢?

有以下四个阶梯过程:

(1)第一阶梯:体验。

就是体验成功、小成功,然后大成功。

（2）第二阶梯：发掘自己。

不断认识自己、发现自己、发掘自己，认识到自己的独特性，以及个人优势区。

（3）第三阶梯：思维。

在不断解决问题的过程，形成稳定的思维模式。真正的自信心是一种稳定的思维体系。思维方法体系就好比一个生命的总坐标体系，是生命一切行为的指挥系统。事实上，具备相应方法论体系的人极少。大多数仅仅是在本能的推动下，使用经验主义式的或本本主义式的思维技术。这构成我们社会整体状态的躁动与倾斜，因此，建立科学的各具特色的方法论体系，是重要的一环。没有稳定的思维模式，自信则是主观的、唯心的，并不能稳定的。

（4）第四阶梯：习惯。

就是行为程序和行为习惯的养成。自信心最终是一种习惯，是内化的道德和智慧。

3. 想得到，并且要做得到——能力之阶梯

能力的实质是——想得到，并且要做得到。有知识但没有能力，或者想到了但做不到，看起来，好像只差那么一点点，实质上，差之甚远。

为什么我们总是想得到，做不到呢？在"想到"和"做到"之间有一座怎样的桥梁呢？我认为这座桥梁就是我们经常说的"开窍"。

人没有"开窍"时，即使知道了、想到了，还是不能转化为自己的能力，还是不能转化为有效行动，达到目标。比如：不善于读书的人，书读得越多就越糊涂，知识就成了人的拖累，而会读书的人，可以通过读书导致开窍。如何提高执行力，也是这个问题。如：文化人的书呆子气与书卷气的比较，"书呆子气"的核心正是没有"开窍"，而文化人的"虚弱""缺钙"也集中体现在这里。

现在要探讨的就是如何开窍，也就是一个人如何开发自己的悟性。解决了这个问题，实质上也就解决了能力的自我培养问题：开窍＝理解＋顿悟。而所谓理解，就是可靠的概括；所谓顿悟，就是超越的思考。

开窍的方法很多，这里介绍一个经典阶梯模式：

（1）第一模式：读万卷书。就是通过阅读大量的书籍，获得足够的信息，并对信息进行分类、区分、整理，读书破万卷，下笔如有神。

（2）第二模式：行万里路。就是通过实践、体验、接触，在阅历的基础上，获得理性的认识与归纳。

（3）第三模式：阅人无数。就是大量接触不同的人，从不同人的身上找到相通和交集之处，从而获得对事物的正确认识。

（4）第四模式：跟随成功者的脚步。模仿与跟随是普通人获得顿悟的一种捷径，模仿与跟随就是自我训练，就是从训练中获得可靠的理解。

（5）第五模式：高人点悟。高人的启发与点悟，是人开窍成本最低、效益最佳的至高形式。中国的所有智慧高度集中到"启发"两字之上。

4. 能力，在坚持之后的拐角处——能力之实现

能力，从某一种意义上说，是人生的一种欢喜。世界上任何的欢喜，精神的、肉体的，都会在坚持之后的某一个拐角处出现。

大人物与小人物的区别也就在于能否坚持，没有坚持，就没有欢喜，也就没有能力。坚持，不是爆发力，是一种韧性，无坚不摧的往往正是这种看似绵薄但后劲十足的持久力。

魔力悄悄话

人有许多极限，通常情况下，是无法超越的，所以许多人做事情，到了艰难的时候，就放弃了，就像从单杠上轻易跳到地面一样。而事实上，成功，往往会在艰难困苦的时候再坚持一会儿时就会出现！

忍耐是一种能力

贵不忍则倾，富不忍则贫。忍字头上一把刀，可忍却是做人的最高智慧，忍的同时，也是对自己清醒的审视，对自己的一种认识，忍也乃为一种力量，其中，忍的中间还有责任的存在，也是对责任的一种承担，忍也能使矛盾化解，更能融化仇恨。

佛教讲，忍分为三个层次，一，生忍，二，法忍，三，无生法忍。生忍，是人生活在世上，就的心存宽厚，包容万物，，包容中，会有和平，有智慧，有宽容。更还有，睁眼闭眼中的难得糊涂，与人交往中的乐于助人，吃亏是福的处事态度。生忍，还有更深的反理，人为了生活在世上，一定的条件下，也的苟且偷生，忍辱负重，以退步，妥协而生忍。忍耐妥协，不是懦弱，而是坚强，不是无知，而是博文。不是目光短浅，而是高瞻远瞩。

人生的退步，也是一种处事的哲学，退步，不是永远而退，不再前进，而是退步会让你重新审视你前边的路，让你重新寻找方向，为正确的方向而努力。**妥协却是一种变通，更是一种至高的境界，是对你过高的贪欲的舍弃，是让你在顺境中保持节制，在逆境中学会变通，更改自己行为的生活之忍。**

困苦，人生下来就是苦的，为寒来暑往，风霜雪雨吃苦，为吃饭受累苦，十年寒窗为枯燥的读书苦，为成家立业劳命奔波苦，为守家而不得自由苦，为望子成龙而辛苦，为老年疾病而痛苦。然而伴随生命的还有天灾人祸，也都是人生的伴侣，而人为了一切的一切都忍了！

无生法忍中忍是一种智慧，与忍辱的意思是不同的。在此，我们可以把这无生法忍中的忍字理解为透彻的认知和感悟，即能够将事物在内心中认得清清楚楚，能够透彻地了解它，宽厚包容的处理它，让事情本身得到更好的解决。这便是无生法忍,所以忍就是智慧。能够让人彻悟无生法忍中,有着不生不灭的智慧,即称之为无生法忍,无生法忍就是无奈中的改变自己,在无奈中无奈的忍耐。

人生都是在忍耐中生存,只要能忍,万事都能过得去。如果真的忍无可忍的时候,只希望我们从头在忍。人活一辈子,忍着,忍着,无可奈何的再忍着。当你忍到尽头的时候,你的一生也就算忍完了。

生活本身就充满了坎坷,生存本来就是磨难丛丛,一帆风顺的一生就不存在,打掉牙,和血吞,才是做人的积极态度,忍是卧心藏胆,不屈不挠的奋斗精神。忍,不是懦弱,更不是自甘堕落。忍,是在寻找机会努力再战,忍,是在静心思考,忍,也是反省自己,在努力中等待时机,聚集勇气,一但时机成熟,就会一往无前,胜利在握。

有一首"百忍歌",歌中唱到:"百忍歌,歌百忍,仁者忍人所难忍,智者忍人所不忍。"忍者就是智者,没有智慧又何能忍得住呢?"忍时只笑我痴呆,忍过人自知修省。"是的,智者不怕别人笑话自己,自己知道自己做的事是对的,忍耐别人的错误,是自己博学的体现,是自身修养的潇洒,是博学修养人格的升华。

忍子头上一把刀,是告诫我们自己,忍耐中,刀永远不会剁在头上。忍耐中领悟了做人的技巧,忍耐中学会了自审自度,忍耐中学会了自省自律。

忍的最后结果是,开阔了视野,成就了事业,尽显了英豪,张扬了刚强。

魔力悄悄话

人生的退步,也是一种处事的哲学,退步,不是永远而退,不再前进,而是退步会让你重新审视你前边的路,让你重新寻找方向,为正确的方向而努力。

心计是一种能力

一个人不管有多聪明,多能干,家庭背景多么显赫,如果不懂得做人的奥妙,没有一点做人的"心计",是很难事业有成的。在现实生活中,大凡有成绩、有事业的人都是做人的高手,更懂得"心计"的重要。

1. 做人要把握好做人尺度,万事留有余地

不论做什么事都难有百分之百的把握,在没有成功的绝对把握时,应该先给自己留点余地,以便进退自如。

任何时候都要留余地,做人不要太狂妄,得理也要饶人。做人要给自己留条退路,不将赌注押在一个人身上,见好就要收。不得罪小人,不暗箭伤人,不必"棒打落水狗"凡事都要留一手。

2. 做人要把握好自己的人脉,八面玲珑路路通

任何人都不是生活在"孤岛"上的,总要与各种各样的人打交道、建立关系。对于那些真正有"心计"的人而言,他们时刻注意识人辨人,营造自己良好的关系网,寻找可以合作的契机,扩展成功局面。

3. 做人要能屈能伸,学会低头

做人一定要学会低头。退一步海阔天空,脸皮有时也要厚一点,把丢脸看成是一种磨炼,别为小事较真。当众拥抱你的"敌人"把气发在小事上,"低头"认错不为低,好汉要吃"眼前亏"不被闲话所左右,把批评当镜子,忍让要有度。

能屈能伸,"忍"字当先,头要能高能低。到了矮檐之下,该低头时候要低头,即使撞不坏你的头,但撞坏了屋檐也不是什么好事。做人要"活"一点:水流不腐,人"活"不输。头脑"活"一点,海阔天空任我行;心态"活"一点,游刃有余自从容;眼睛"活"一点,笑看风云世事明;嘴巴"活"一点,左

右逢源处处灵。

水流不腐,人"活"不输:有心计就是不要太老实。抢先开口巧拒绝,关键时要掩藏起真实意图,学会"兜圈子"。理直气壮地坚持自己的权利,不做别人意见的牺牲品。巧妙拒绝上司委托的某些事,形势不妙,走为上计。毛遂自荐又何妨。

4. 做人要善于调整自己的心态

"心若改变,你的态度跟着改变,态度改变,你的人生跟着改变。"只要我们做人淡泊平和,豁达乐观,那么放眼四周,尽是良辰美景,赏心乐事,自然就拥有永远的快乐。

做情绪的主人。善于调整心态是做人最大的心计。好马也吃回头草,彻底清除消极心态,丢掉不稳定的情绪,改变脑海中的"电影"。永不言败,别钻"牛角尖"快乐是自找的。

5. 做人要智慧深藏,不要聪明外露

做个糊涂的精明人。韬光养晦,大智若愚,做个糊涂的精明人。

示弱博同情。巧妙地隐藏自己的实力。得意不要忘形,喜怒不形于色。抓小放大,难得小事糊涂,装糊涂,问前途。

6. 做人要多留一个"心眼",小心驶得万年船

每次都是初交,别让小人当枪使。不可全抛一片心,防范主动帮你忙的人,谨防披着朋友外衣的"小人"。向别人倾吐心事要慎重,不被表面现象迷惑,不要贪恋女色,"谨慎"二字刻在心头。

7. 做人要懂得"树活一张皮,人活一张脸"的含义

给别人面子,就是给自己面子。识破别点破,面子上好过,顾全面子,给人铺台阶。关键时候替领导挽回面子。在批评中加点糖,"背后鞠躬"更有效,善待别人的尴尬,适当满足别人的虚荣心。把功劳送给领导,死敌也要留面子。保住面子即是保住自尊,不能将错就错。

8. 做人要懂得"祸从口出,福从口入"

能说会道笼人心。慎谈他人忌讳的话题,说话要有所保留,避开无谓的争论,让忠言不"逆耳"。开玩笑要注意分寸,说话要讲究场合,用"是"替换"不",抓住推销自己的机会,及时弥补失言,高雅的谈吐是最好的

礼仪。

9. 做人要学会隐藏情绪,能方能圆

"小节"不可小视,该放手时就放手。站在他人角度看问题,遇强则迁,以退为进。亏要吃在明处。适时沉默是一种明智的行为。不放过万分之一的机会,保留上司的空间,学会隐藏情绪,不随意表达自己的心声,一次只专心做好一件事,珍惜生命中的每一秒。

10. 做人要谦逊有"礼","德"字当先

礼多人不怪,少谈你的得意事,为别人鼓掌,把优越感让给别人。

三人行必有我师,锋芒不可太露,多听老人言,不独享荣耀,谦让可以化解矛盾,不要太在意赞许,留下良好的第一印象。礼貌待人得人心,客套的作用不容忽视,用微笑面对每一个人,把"德"字刻在心头。

11. 做人要有超前意识,不做"事后诸葛亮"

平时多烧香,急时有人帮。与暂时不得势的人交往,吃亏是福,换个角度思考问题。多算多胜,见微知著,想上司所想,听清弦外之音。

学会掩盖自己的光芒,不跟熟人做生意。养成存钱的习惯,身体比钱更重要。

魔力悄悄话

三人行必有我师,锋芒不可太露,多听老人言,不独享荣耀,谦让可以化解矛盾,不要太在意赞许,留下良好的第一印象。礼貌待人得人心,客套的作用不容忽视,用微笑面对每一个人,把"德"字刻在心头。

开心是一种能力

天气有风云,职场有风险;学习有压力,生活有烦恼。这世界有太多的无奈,要叫人开心还真不是一件容易的事。你看看,担心身体不健康,感到生活不满足,还有什么不自由、不安全、无乐趣、无自信、无朋友、无自我……但是我们来到这世上可也不是一件容易的事,如果缺少快乐,没有开心,那不是太枉然了吗?

快乐需要追求,开心也是一种能力,如何快乐开心,是大有讲究的。

一不要老是担心生病。世界上最痛苦的人,就是那些老是以为自己身体有大毛病的人。担心自己哪个机能失灵,哪个关节不舒服,你叫你怎么再开心呢?为了避免对健康作无谓操心,可以作个专家门诊来个彻底检查,免得经常七上八下,提心吊胆。

二要尽量喜欢自己的工作。凡是不喜欢自己职业的人,工作也就刻板无为,同时情绪引发的疾病也会接踵而至。所以我们必须把职业当事业,心中有目标,那么工作就不会枯燥,积极性、创造性一旦被激发了,还会何愁之有。

三是要广交朋友。**我们不能对人人都看不惯,不要将自己隔绝于世,不要总感觉到受人排挤,不要老是郁郁寡欢,否则永远过着痛苦日子也是自作自受。我们应该主动融入社会大家庭之中,积极参与到尽可能多的活动之中。**

四要养成乐天愉快的习惯。幽默风趣或欢乐轻松,总是有益无害的,而怨天尤人的人却常成为医院常客。所以我们应该尽可能远离苦恼、焦灼、害怕,始终保持乐观向上的积极心态。

五对问题应该当机立断。在这样复杂的世界,每个人每天都必须处理大量的问题,所以我们宁可偶尔出错,也不要为一些小问题而左思右想。犹豫不决会使你情绪不佳,当机立断能让你精神气爽。

六要珍惜眼前的好时光。最可贵的是眼前时光,它是未来美景的最佳保证,所以我们在着眼未来的同时,要善用眼前光阴,过好眼前日子。只有你用好眼前的光阴,才能使将来更加美好。

魔力悄悄话

我们在着眼未来的同时,要善用眼前光阴,过好眼前日子。只有你用好眼前的光阴,才能使将来更加美好的。

善良是一种能力

人世间最宝贵的是什么？法国作家雨果说得好；"善良是历史中稀有的珍珠，善良的人几乎优于伟大的人。"中国传统文化历来追求一个"善"字，待人处事，强调心存善良、向善之美；与人交往，讲究与人为善、乐善好施；对己要求，主张独善其身、善心常驻。记得一位名人说过，对众人而言，唯一的权力是法律；对个人而言，唯一的权力是善良。

国外的两则小故事。一则是说；一场暴风雨过后，成千上万条鱼被卷到一个海滩上，一个小男孩每捡到一条便送到大海里，他不厌其烦地捡着。一位恰好路过的老人对他说："你一天也捡不了几条。"小男孩一边捡着一边说道："起码我捡到的鱼，它们得到了新的生命。"一时间，老人为之语塞。

还有一则故事是发生在巴西丛林里，一位猎人在射杀一只豹子时，竟看到这只豹子拖着流出肠子的身躯爬了半个小时，来到两只幼豹面前，喂了最后一口奶后倒了下来。看到这一幕，这位猎人流着眼泪折断了猎枪。如果说前一个故事讲的是善良的圣洁，那后一个故事中猎人的良心发现也不失为一种"善莫大焉"。

美国作家马克·吐温称善良为一种世界通用的语言，它可以使盲人"看到"、聋子"听到"。心存善良之人，他们的心是滚烫的，情是火热的，可以驱赶寒冷，横扫阴霾。善意产生善行，同善良的人接触，往往智慧得到开启，情操变得高尚，灵魂变得纯洁，胸怀更加宽阔。与善良之人相处，不必设防，心底坦然。

只有播种善良，才能收藏希望。一个人可以没有让旁人惊羡的容貌，也可以忍受贫穷和艰难的时光，但离开了善良，却足以让人生搁浅和褪色，因为善良是生命的黄金！多一些善良，多一些谦让，多一些宽容，多一些理解，让人们在生活中感受到美好和幸福。这是善良的人们向往和追求的，也是我们勤劳善良的中华民族所提倡和弘扬的传统美德。

善良不仅仅在于言行。真正的善良存在于念起念灭的倏忽之间。祖祖辈辈以杀人为生的职业刽子手，若是在行刑前想到磨快屠刀，让受刑者少一点死前的痛苦，那一念就是善；普通人在日常生活中见到不幸的人而生比较之心而不是同情之心，那一念就是恶。

人性中有善也有恶。恶的那一部分，往往被压在我们自己都无法察觉的地方，并且以我们同样无法察觉的方式影响着我们的心情和行为。心理学的主要任务，就是把这些恶暴露在光天化日之下。

做一个人最重要的，也许就是学习善良。

魔力悄悄话

善良不是一种愿望，而是一种能力。一种洞察人性中的恶的能力，一种把他人的痛苦完整地理解为痛苦的能力。

随和是一种能力

有人说，随和就是顺从众议，不固执己见；有人说，随和就是不斤斤计较，为人和善；还有人说，随和其实就是傻，就是老好人，就是没有原则。那么，随和到底是什么？

随和，是一种素质，一种文化，一种心态。随和是淡泊名利时的超然，是曾经沧海后的泰然，是狂风暴雨中的坦然。

人要随和。即便原则问题，也要平等地和人家交换意见，不闹意见，不存成见，切莫居高临下，杀气腾腾地采取压制人家的态度，那是自己水平不高的表现，很难达到目的，还损害自身形象。

要随和，就得克服"以我为中心"的思想。如果你的见识主张和能力比别人强，人际关系好，人家就可能会尊重你. 如果自己不具备这些条件，又要搞"以我为中心"。既不能满足你的欲望，又有可能毁掉你自己。斤斤计较自己的名誉，地位，什么都要比人家的好，情绪又烦躁，对自己身体必定伤害较大，会容易衰老。要人家尊重你，关键是自己要尊重人家。

在日常工作、生活中，只有随和的人，才能发现周围的真善美，才可以真正享受生活赐予我们的快乐。在随和中，我们可以拥有宽广的胸怀、高瞻远瞩的目光和无与伦比的智慧。

但随和绝不是没有原则。随和的人，首先是聪明的人，他以睿智的目光洞察了世界；随和的人，是谦虚的人，他始终明白"尺有所短，寸有所长"的道理；随和的人，是宽宏大量的人，在人与人之间发生摩擦时，在坚持原则的基础上，他能够以谦和的态度对待对方；随和的人，是没有贪欲的人，他可以很好地控制自己的世俗欲望……

我们如何才能做到"随和待人，随和处世"呢？

随和需要有良好的自身修养。要善于和有不同意见的人沟通,学会换位思考,学会感恩;要真诚地赞赏别人,夸奖别人;要不吝啬自己的微笑。

随和需要有淡泊名利的心境。"宠辱不惊,闲看庭前花开花落;去留无意,漫随天外云卷云舒。"

随和需要与人为善的品质。"不以善小而不为,不为恶小而为之"是做人的准则。善良作为人们最美好的品质永远闪耀着人性的光辉!一个与人为善,从善如流的人总是受到人们的称赞和尊重。对周围需要帮助的人,伸出热情的双手给他一份力量;面对他人过错,善意地给予诠释和谅解……与人为善,善待他人,我们就会多一份坦然,增一份愉悦,添一份好心情。如此说来,善待他人不正是善待自己吗?

品味随和的人会成为智者;享受随和的人会成为慧者;拥有随和的人就拥有了一份宝贵的精神财富;善于随和的人,方能悟到随和的真谛。

真正做到为人随和,确实得经过一番历练,经过一番自律,经过一番升华。

为人随和一点,我们会感受到生活更加美好!

魔力悄悄话

做到随和的人,必定是高瞻远瞩的人,宽宏大度的人,豁达潇洒的人。而胸怀狭窄的人,做不到这点。"难得糊涂"就妙在其中。

独处也是一种能力

人们往往把交往看作一种能力，却忽略了独处也是一种能力，并且在一定意义上是比交往更为重要的一种能力。反过来说，不擅交际固然是一种遗憾，不耐孤独也未尝不是一种很严重的缺陷。

独处也是一种能力，并非任何人任何时候都可具备的。具备这种能力并不意味着不再感到寂寞，而在于安于寂寞并使之具有生产力。人在寂寞中有三种状态。一是惶惶不安，茫无头绪，百事无心，一心逃出寂寞。二是渐渐习惯于寂寞，安下心来，建立起生活的条理，用读书、写作或别的事务来驱逐寂寞。三是寂寞本身成为一片诗意的土壤，一种创造的契机，诱发出关于存在、生命、自我的深邃思考和体验。

独处是人生中的美好时刻和美好体验，虽则有些寂寞，寂寞中却又有一种充实。独处是灵魂生长的必要空间，在独处时，我们从别人和事务中抽身出来，回到了自己。这时候，我们独自面对自己和上帝，开始了与自己的心灵以及与宇宙中的神秘力量的对话。一切严格意义上的灵魂生活都是在独处时展开的。和别人一起谈古说今，引经据典，那是闲聊和讨论；唯有自己沉浸于古往今来大师们的杰作之时，才会有真正的心灵感悟。和别人一起游山玩水，那只是旅游；唯有自己独自面对苍茫的群山和大海之时，才会真正感受到与大自然的沟通。

从心理学的观点看，人之需要独处，是为了进行内在的整合。所谓整合，就是把新的经验放到内在记忆中的某个恰当位置上。唯有经过这一整合的过程，外来的印象才能被自我所消化，自我也才能成为一个既独立又生长着的系统。所以，有无独处的能力，关系到一个人能否真正形成一个相对自足的内心世界，而这又会进而影响到他与外部世界的关系。

怎么判断一个人究竟有没有他的"自我"呢？有一个可靠的检验方法，就是看他能不能独处。当你自己一个人待着时，你是感到百无聊赖，难以忍受呢，还是感到一种宁静、充实和满足？

对于独处的爱好与一个人的性格完全无关，爱好独处的人同样可能是一个性格活泼、喜欢朋友的人，只是无论他怎么乐于与别人交往，独处始终是他生活中的必需。在他看来，一种缺乏交往的生活当然是一种缺陷，一种缺乏独处的生活则简直是一种灾难了。

世上没有一个人能够忍受绝对的孤独。但是，绝对不能忍受孤独的人却是一个灵魂空虚的人。世上正有这样的一些人，他们最怕的就是独处，让他们和自己待一会儿，对于他们简直是一种酷刑。只要闲了下来，他们就必须找个地方去消遣。他们的日子表面上过得十分热闹，实际上他们的内心极其空虚。他们所做的一切都是为了想方设法避免面对面看见自己。对此我只能有一个解释，就是连他们自己也感觉到了自己的贫乏，和这样贫乏的自己待在一起是顶没有意思的，再无聊的消遣也比这有趣得多。这样做的结果是他们变得越来越贫乏，越来越没有了自己，形成了一个恶性循环。

魔力悄悄话

有无独处的能力，关系到一个人能否真正形成一个相对自足的内心世界，而这又会进而影响到他与外部世界的关系。

发现自己的能力

1. 识别优势能力的线索

不假思索的反应：没有经过相关的教育与培训，在某些方面却能力出众。譬如流行歌手戴佩妮、郑智化不识五线谱，但他们却创作出了不少颇受欢迎的歌曲。有销售天赋的人，天生就可以很快拉近和陌生人的距离，并且容易与别人保持良好的关系。缺乏这方面的能力，绞尽脑汁也未必有好的效果。

学习：从小到大读书，同班同学都是接受同样的课程与教育，但对不同科目大家的学习能力有所不同，导致学习成绩也会相差很大。

渴望：你经常希望运用这些能力去做事情。譬如你擅长写作，可能就会想做文字编辑或作家；你对数字很敏感，就想做财务工作。

满足：运用这些能力以后，你会很开心，很有成就感。譬如运用出色的沟通能力与谈判能力，你签下了一个大的销售订单，你肯定会兴奋不已。

2. 尝试有一定难度的工作与活动

在运用实际的优势能力去获得成功时，不要忽略了自己还有许多潜在的能力。有些心理学家认为，大部分人只发挥了所拥有的5%～10%的能力。尝试有一定难度的工作与活动，把潜能也发挥出来，你的成就会大大超过你的期望。

李开复说过一个故事，他在苹果公司工作的时候，有一天老板突然问他什么时候可以接替老板的工作。他非常吃惊，表示自己缺乏管理经验和能力。但老板却说，经验和能力是可以培养和积累的，而且希望他在两年之后可以做到。有了这样的提示和鼓励，李开复开始有意识地加强这些方面的学习和实践。果然，两年之后他真的接替了老板的工作。

职场人士,要清楚地知道更高一个级别的职位需要什么样的能力、知识、思维方式,并为之做好准备。在现有的工作中表现出你具备从事更高职位的潜能,你被提升的概率就会大大增加。

3. 能力倾向测验

能力测验一般分为两类:一类是测以先天具备为主的能力,即我们通常说的智力测验,主要是测能力分类中的第一类能力,即认知能力;另外一类是管理能力以及与具体职业相关的能力,它们可能综合了认知能力、社交能力、操纵能力,其中有先天的部分,但很多是后天可以培养的能力。

不要在意事情是否微不足道,它们也不一定要和工作相关。诸如"我能经常说动别人陪我去逛街""我能很快地学会唱一首新歌"都可以。你会发现自己拥有不少能力,只是你不曾留意或忽视了它们的存在。

魔力悄悄话

上天对每个人都是公平的,这个世界没有绝对的公平,只有相对的公平。公平只在一个点上,关键是看人是怎样看待的。

第十章
为人处事要公正

　　世间技巧无穷，唯有德者可以其力，世间变幻莫测，唯有人品可立一生！这就是作为一个成功人士或希望成为一个成功人士应该具备的优秀品质。

　　好人品是人生的桂冠和荣耀。它是一个人最宝贵的财产，它构成了人的地位和身份，它是一个人信誉方面的全部财产。

　　好人品，使社会中的每个职业都很荣耀，使社会中的每一个岗位都受到鼓舞。它比财富、能力更具威力，它使所有的荣誉都无偏见地得到保障。品行不佳的人，在这个世界上会丧失很多机会。

水不平则溢，人不正则毁

为什么地球可以在太空中围绕太阳运转，而不被太阳的强大引力吸引到一起去，就是因为地球还受到来自其他外力的吸引，所以才可以与太阳保持不即不离的状态。这就是一种平衡。

在现实生活中，任何事物和事情都需要保持这样的一种状态和情况，否则就会破坏其平衡，而出现事物的质变或事故的发生。

水是最平的，如果有一点倾斜，水就要溢出去。做人也是一样的，如果为人不公正，办事不公平，那也要自毁其身。就是身为伟人更需要公正公平，保持这样的一种平衡。当然没有一个十全十美的伟人。伟人也有三七开，有四六开，有五五开的。同理，任何一个历史罪人也不是没有一点可取之处，这也是一种平衡。

物竞天择，适者生存，这是一个很普通的法则。自然界有生态平衡，要保持人与自然的和谐。如果破坏了自然环境，人类就要受到惩罚。

一个有社会影响的人如果能做到公正，即使不十全十美，也能够生前扬名四海，死后流芳百世。而事实上要做到公正是不很不容易的。人们不仅对秦始皇、武则天毁誉参半，就是对"贞观之治"或"康乾盛世"的所谓明君也是七说不一。事实和时间是检验一个人是否公正的试金石和分水岭。评价一个人需要看那个人的大方向和主流，这个大方向和主流就是为人是否公正，处事是否公平。水是最平的，如果有一点倾斜，水就要溢出去。做人也是一样的，如果为人不公正，办事不公平，那也要自毁其身。

"人贵有自知之明"，要正确的认识自己是件不容易的事情，因为"不识庐山真面目，只缘身在此山中。"自己是个什么样的人，往往自己看不明白更说不清楚，需要认识我的人对我做出公正的评价。

能够得到他人的认可和赞赏,受到他人的青睐和喜欢,这是很荣幸的事情,越是在这个时候越需要保持清醒的头脑,谦虚谨慎,查找自己身上存在的不足,继续发扬成绩,努力克服缺点或错误,永远做一个被他人拥护的人。

要做到客观地评价自己,必须把自己的位置放的低些再低些,绝不能眼光过高。因为站在不同的角度或高度去看一个人,包括看自己都会有截然不同的认识。

要坦然承认自己身上存在的缺点和错误,提示他人不要只看到我有优点,更要看到我也有许多不足之处,更有许多不尽人意的地方,这才是客观公正地认识自己。

被别人喜欢,这是值得高兴的事情,说明自己身上有让人欣赏的地方,但那只是某个方面的优点而不能代表其他方面都是优点。别人一叶障目,自己不可忘乎所以,这样才能够客观地评价自己,避免被一时的恭维冲昏了头脑。

人到了 50 岁可以知天命,到了 60 岁才可以客观地评价自己,因为 60 岁以后离开了工作岗位,人人都是普通老百姓了,这时候再认识自己会觉得一切名利都是身外之物,与自己的关系并不大,再高的职务也都是过去,如今都属于他人,再多的金钱也都是几张纸,如今也无法再用在自己身上。

客观地评价自己,人生成败的唯一标志就是能否延年益寿,功也好,过也罢,荣也好,辱也罢,那都是人生交响曲中的不同乐章,最后决定成败的就是你的人生交响曲究竟能畅响多少年。

魔力悄悄话

被别人喜欢,这是值得高兴的事情,说明自己身上有让人欣赏的地方,但那只是某个方面的优点而不能代表其他方面都是优点。

把心放平

把心放平,把心放轻,才会活的坦然,活的舒畅,活的快乐,活的安静,活的真实,活的自然。

把心放平,把心放轻,正确认识这个世界,看清这个世界。世界就是这样,阳光与黑暗同在,美好与丑陋并存,我们要学会不只生活在阳光下,也要学会生活在阴暗里,我们会看见鲜花,也会遭遇污秽,我们会感受友爱,真情真爱永远与我们同在,我们也要承受虚假,欺诈也会与我们相逢。

我们可能春风得意,也可能坎坷不平,不管道路如何,我们都要走下去。我们会感荣耀,也会遭遇屈辱,我们要直面公平与不公平,以平和的心态去面对,要知道世界就是这样,我们无法去选择,也无力去改变。我们置身其中,更多是适应,在这样一个世界里,把心放平,把心放轻,平静的面对,不管怎样,少一些无奈与感慨,多一份从容和淡然,正如一句诗:宠辱不惊,闲看庭前花开花落;去留无意,且望天上云卷云舒。

把心放平,把心放轻,我们更多的是平凡的一个人,普普通通的一个人,我们不是英雄,更不是伟人,我们没有卓越的才华,我们不必自命不凡,不必心高自大,不必怨天尤人,上天更没有那么多的不公平,我们只是一个平凡的人,天地间的一个普遍生命,只是宇宙间的一粒尘,我们的生命在历史长河只是一瞬,不会留下什么痕迹,把自己看轻一些,其实我们都没那么重要。在这个世界上,平常心是道。**保持一颗平常心,不要有那么多奢望,放下心里的包袱,做一个平常人,会轻松得多,快乐得多。**

把心放平,把心放轻,有一个好的心境,才能看到风中鲜花摇逸的美丽,花的芬芳才会在你的心漫然开来,落花也会变的洒脱,从容婉转随水而逝。把心放平,把心放轻,风才会把清凉吹进你心里,鸟才会把清唱鸣在你心上,月才会用清辉把你的心照亮。把心放平,把心放轻,青山才会与你为邻,夕阳才会染红你的小屋,枫叶才会飘进你的院子来看你,小狗才会和你嬉戏,风儿才会奏响树枝上的无弦琴。把心放平,把心放轻,才会看到晚霞也会伴归鸟齐飞,秋水也会共长天一色。

水的心是平静的,水的心是轻灵的,你看,水,一平如镜,云月其中,怡然自乐。水,怀着平静而轻灵的心,缓和的一淌而去,遇一些阻隔且轻轻的绕过,何必那么多计较,心平而轻流自畅;如一路顺直,那更好了,我也可以尽情地奔流,一望千里,波涛澎湃,我也会挥洒我的潇洒,我的纵情。

云的心是平静的,云的心是轻灵的。你看,云,自自在在,飘在天上,舒展而飘逸,去留不放在心上,飘过山峰越过海洋,不留下任何的痕迹,好一朵自在的云朵。

把心放平,把心放轻,一泓平静的水,一朵自在的云朵。

魔力悄悄话

把心放平,把心放轻,风才会把清凉吹进你心里,鸟才会把清唱鸣在你心上,月才会用清辉把你的心照亮。

摆正自己的位置

做一个人生的观光客吧，说到底只要与人为善，以德服人，离是非远点，靠家人近点，便有了心安，有了惬意。

说话要用脑子，敏事慎言，话多无益，嘴只是一件扬声器而已，平时一定要注意监督、控制好调频旋钮和音控开关，否则会给自己带来许多麻烦。讲话不要只顾一时痛快、信口开河，以为人家给你笑脸就是欣赏，没完没了的把掏心窝子的话都讲出来，结果让人家彻底摸清了家底。还偷着笑你。

乐观的心态来自宽容，来自大度，来自善解人意，来自与世无争。

遇事不要急于下结论，即便有了答案也要等等，也许有更好的解决方式，站在不同的角度就有不同答案，要学会换位思考，特别是在遇到麻烦的时候，千万要学会等一等、靠一靠，很多时候不但麻烦化解了，说不准好运也来了。

这世道没有无缘无故的爱，也没有无缘无故的恨，不要参与评论任何人，做到心中有数就可以了。所谓盖棺论定的道理多简单，就是有人操之过急。谁也没有理论依据来界定好人与坏蛋，其实就是利益关系的问题。

要学会大事化小、小事化了，把复杂的事情尽量简单处理，千万不要把简单的事复杂化。掌握办事效率是一门学问，要控制好节奏。

对小人一定要忍让，退一步海阔天空，实在不行把属于自己的空间也送给他们，让他们如莺歌燕舞般陶醉吧。俗话说大人大度量，不把俗事放在心里，小人鼠肚鸡肠，惹着小人就等与惹了麻烦，天底下顶数小人惹不起。直到现在我也没想出更好的办法战胜小人，不知道敬而远之是否可行。

只有花掉的那部分钱才是真正属于你的财富，你就是家缠万贯，生时舍不得吃、舍不得穿，两眼一闭，剩下的钱你知道谁花了才怪，冤不冤。还有那些省吃俭用的贪官，好好的高官不做，结果因贪返贫，一分钱没花着还搭上个人财产全部没收，惨不惨。

明枪易躲，暗箭难防，背后算计你的小人永远不会消失，这是中国特色，小人不可得罪，同样小人也不可饶恕，这是万世不变的真理，说到底小人也有心小的一面，对待这种人要稳准狠，你可以装做什么也没发生，天下太平，万事大吉，然后来个明修栈道，暗度陈仓，以毒攻毒，让小子知道：小人也不是谁都可以做的，做好人要有水准，做小人同样有难度。

对待爱你的人一定要尊重，爱你是有原因的，不要问为什么，接受的同时要用加倍的关爱回报，但是千万不要欺骗人家的感情，哪怕你对人家没兴趣，哪怕人家长得丑一点，这是你用钱买不来的财富。记住：轻视人家付出的情感就等于蔑视自己，玩物丧志，玩人丧德，爱人是一种美德。

背后夸奖你的人，知道了，要珍藏在心里，这里面很少有水分，当面夸奖你那叫奉承，再难听些叫献媚，你可以一笑而过，就当什么也没发生，也许不久就有求于你，对于那种当众夸奖你的人，就疏忽不得了，也许你转过身去，就用指头戳你，掌握一条原则：逢人多贬自己，少夸别人，选先评优的时候除外。

小恩小惠攒多了就是一个大窟窿，只要接受就一定要找机会回报，行下春风望夏雨，付出就是为了收获，其实就是一个简单的种子与果实的关系。千万别让天真给害了，记住：人生如戏，都在寻找利益的平衡，只有平衡的游戏才有可能玩下去。

患有心理疾病的人是不负法律责任的，可能没有理由的咬你一口，所以对待疯狗级的人物要敬而远之，保持不来往，不交流，退一步，海阔天空，相信疯狂也是一种人格，虽不值得尊重，但自有其存在的道理，生物链少不了这一环。

坏心情是失眠时折磨出来的，其实现实并没有你想的那样糟糕，生命有高峰也有低谷，根本没有一帆风顺的人生，邓小平怎么样，三起三落，最后还不是凡事他说了算。

所谓的缘分无非只有善恶两种，珍惜善的，也不要绝对排斥恶的，相信擦肩而过也是缘吧,全世界近60亿人口,碰上谁也不容易,所以遇到恶缘,也要试着宽容,给对方一次机会,不可以上来就全盘否定。

不要让事业上的不顺影响家人,更不要让家庭的纠纷影响事业。那样做很不划算,家人和事业都受影响,甚至损失,男人要善于扛事,要把眼泪咽下去。

待人接物要摆正自己的位置,不可以老把自己当人物,老拿自己当领导,老把自己当富翁,老以为自己是情圣,老是自我感觉良好,即便真是小有作为,业绩斐然,也要谨慎,要虚怀若谷,要大智若愚,其实人的最终结局都是一样的,只是你把自己看复杂了,说句俗话:千万别把自己当回事。骗你一次的人绝不会放弃第二次骗你的机会,对骗子不要抱任何幻想。靠贬低别人提高自己的身份,其结果就是暴露自己的无知与贫乏。

魔力悄悄话

做事情一定要事先设立道德底线,小偷也清楚有些东西是绝对不能偷的。所以说事情万万不可做绝,落井下石的事绝对不要干,给别人让出退路就等于自己前进了。

善待他人　受益于己

　　记得有句名言说"海纳百川,有容乃大"。人既然活在这个尘世中,会面临很多很多……这就要学会为人处世之道。

　　想要活得好一些,精彩一些,就必须要勤勤恳恳,去努力去拼搏,去奉献,这就会接触到形形色色的人,反反复复的事,这些都应该处理好,反之,受损的必然是自己。

　　为人"谦逊恭和"一些是必须的,人的关系是一生中最为复杂的关系,生活中,人们都会看到某某人人脉好,人气旺,事业自然也会蒸蒸日上。大凡这样的人,他的人际关系处理的一定很好,我遇到过不少。

　　人际关系中,最为主要的一条就是:一定要善待他人,一个"善待",包含了很多的内容,这当然与一个人的胸怀、气度有很大的关系,凡是事业有成,或有些成就的人,心境与心界真的超过一般的人,但是有些别样的人则另当别论,在这里我所说的是有一定素质的人!

　　生活中为人处世应该做到"退让一步,受益一分",不见得事事都要争在先,不要也不必太强势"至刚则断"不无道理。遇事,如果不是什么原则性的,不可让步的,大可不必过真计较! 更多的时候应该善待他人,必定会受益于己。

　　生活中,谁都会遇到这事那事,当然会有一些人斤斤计较,这样的人有的时候感觉都不值得计较。

　　有的人就是那种鸡肠小肚,这样的人,生活中比比皆是,生活中不要因一点小时就计较或者心怀芥蒂或者存有"报复"心理,似乎有点"以牙还牙,以眼还眼"的味道。

　　这样做可能会缓解一时之气,细想一想也未必不是一种得不偿失。这样的话,烦恼可能也就多了,快乐也就少了,"树敌"多了,朋友也就少了……

真正会处事的人,都会在矛盾面前将其"大事化小,小事化了",只要做到"宽以待人,量以容人",别人也会把真诚回报于你!

魔力悄悄话

当你善待他人时,自己也受益(可能这种受益不在当前),对人多一点宽容和体谅,与其为敌不如与其为友,这或许就是为人处世的一种策略……

做人如水　做事如山

　　老子在《道德经》中这样描述：上善若水，水善利万物而不争，处众人之所恶，故几于道。这是古人对于人与水最权威的比喻。

　　做人如水，水有一泻千里的轻妙，水有川流不息的勇敢，水有容纳百川的气度，水有清澈妩媚的柔情。水遇圆则圆，遇方则方，能如万马奔腾，能有滴水穿石，水很平凡，处处可见，平凡到我们都视而不见，水又很伟大，伟大的到我们一时一刻也离不开，水很清澈，清如镜面，水很混浊，洗刷万物，水柔而能变形，水韧而不能断，有句话叫抽刀断水水更流。古人有一副对联："水唯能下方成海，山不矜高自及天。"

　　做人像水：水，动中有静，静中有动，一切都是因为它柔美滋润。

　　说到山，有一首诗，群山出没势如龙，老眼饶看峭壁松。欲上山前寻妙趣，只因尽被白云封。历史上与山有关的诗句很多，名人墨客都喜欢访山，在山水之间饮酒成诗，西上莲花山，迢迢见明星。素手把芙蓉，虚步蹑太清（李白，古风）春山淡冶而如笑，夏山苍翠而欲滴，秋山明净而如妆，冬山惨淡而如睡（宋·郭熙）很多寺庙都建在山中或者是深山中，为什么大家都这么喜欢山呢？

　　山，有他的威严，从千峰峥嵘、万壑竞秀、云海飞瀑蜿蜒起伏中展示大气磅礴；山，有他的秀美，从云蒸霞蔚、烟雾缭绕或澄澈清净中透出阔远幽、空灵清秀。所以做事，就要像山一样，要有山的胸怀，山的风骨，山的品格，山的内涵和山的原则。古人云："海纳百川，有容乃大；壁立千仞，无欲则刚。"人一旦能够做到虚怀若谷，便能够汇集百河而成为汪洋；人如能做到无欲无争，便能如峭壁一般，屹立云霄。

　　做事如山：要踏踏实实，像山一样稳重，像山一样给人以可靠感！

所以,"做人如水,做事如山"内存玄机和巧妙,短短八个字,既说明了如何做人,又说出了一个人应如何做事。

做人与做事的哲理,在佛学中早有阐述,摘记于此,以作与读者共省:

心底无私天地宽

"本来没有我,生死皆可抛",这是台湾三大佛教领袖之一,法鼓山创办人圣严法师的遗言。2 月 5 日,法师辞世之时,万信众不分蓝绿夹道跪送。法师有几句真言,读来令人仰思,这几句真言是:"面对它、接受它、处理它、放下它。当你遇到一些事时,你不要逃避,最好的方法就是面对它,然后你必须接受那已成的事实,好好处理它,处理完后,不要让它占据你的心,必须放下。"

1. 要学会以静制动

一位禅师在旅途中碰到一个不喜欢他的人,连续好几天,那人用尽各种方法污蔑他。最后,禅师转身问那人。"若有人送一份礼物,但你拒绝接受,那么这份礼物属于谁呢?"那人回答:"属于原本送礼的那个人。"禅师笑道:"没错,若我不接受你的谩骂,那你就是在骂自己。"

2. 正确认识自己

禅学中有这样一个故事:一只狐狸早晨起来欣赏着自己在晨曦中的身影说:"今天我要用一只骆驼做午餐呢!"整个上午它奔波着,寻找骆驼,但当正午的太阳照在它的头顶时,它再看了一眼自己的身影,于是说:"一只老鼠也就够了。"

狐狸之所以犯两次截然不同的错误,与它选择晨曦和正午的阳光照在地上的影子作为镜子有关。出现这样的心态,别忘了 4 个字"反躬自省",它可以照见落在心灵上的尘埃,提醒我们"时时勤拂拭",使我们认清真实的自己。

3. 做事如修行,不靠嘴上吹嘘

稽首天中天,毫光照大千。八风吹不动,端坐紫金莲。

"八风"指人生活上所遇到的"称、讥、毁、誉、利、哀、苦、乐"等八种境界,能影响人的情绪,所以称作"风"。

此诗是宋朝苏东坡自觉修持有得,送与佛印禅师的,本以为禅师会赞赏自己的修禅境界,谁知禅师看过之后,拿笔批了两个字就叫书童带诗返回。苏东坡打开一看,只见上面写着"放屁"二字,不禁火起,于是乘船过江,找禅师理论。

佛印禅师早在江边等候,苏东坡一见禅师就怒气道:"禅师与我至交道友,我的诗我的修行,若不赞赏也罢,怎可骂人呢?"

禅师笑道说:"你不是八风吹不动吗,怎么一个屁字打过江了呢?听此一语,苏东坡顿时惭愧不已。

魔力悄悄话

人一旦能够做到虚怀若谷,便能够汇集百河而成为汪洋;人如能做到无欲无争,便能如峭壁一般,屹立云霄。

做事先做人

做事先做人，这是自古不变的道理。如何做人，不仅体现了一个人的智慧，也体现了一个人的修养。一个人不管多聪明，多能干，背景条件有多好，如果不懂得做人，人品很差，那么，他的事业将会大受影响。

只有先做人才能做大事，这是古训，先人早就强调了"做人为先"的重要性。我们的先人——孔子，其思想可以说是中国千年文化底蕴的沉淀，他告诉我们"子欲为事，先为人圣""德才兼备，以德为首""德若水之源，才若水之波"。因此可见，中华民族历来讲究做人的道理。

我们从小到大，有关做人的道理耳熟能详。然而，品性优劣却人各有异，做事的结果也大相径庭。任何失败者都不是偶然的，同样，任何成功者的成功都是其必然性，其中最重要的一个因素就在于怎样做人。

美国加州数码影像有限公司需要招聘一名技术工程师，有一个叫史密斯的年轻人去面试，他在一间空旷的会议室里忐忑不安地等待着，不一会儿，有一个相貌平平、衣着朴素的老者进来了，史密斯站了起来。那位老者盯史密斯看了半天，眼睛一眨也不眨。正在史密斯不知所措的时候，这位老人一把抓住史密斯的手说："我可找到你了，太感谢你了！上次要不是你，我可能再也看不到我的女儿了。""对不起，我不明白你的意思。"史密斯一脸迷惑地说道。

"上次，在中央公园，就是你，就是你把我失足落水的女儿从湖里救上来的！"老人肯定地说道。史密斯明白了事情的原委，原来老人把自己当成他女儿的救命恩人了。"先生，你肯定认错了！不是我救了你的女儿！"史密斯诚恳地说道。"是你，就是你，不会错的！"老人又一次肯定地说。史密斯面对这个对他感激不已的老人只能做些无谓的解释，"先生，真的不是我！你说的那个公园我至今还没有去过呢！"听了这句话，老人松开了手，失望地望着史密斯说："难道我认错了？"史密斯安慰老人说："先生，别着急，慢慢找，一定可以找到救你女儿的恩人的！"

后来，史密斯接到了录取通知书。有一天，他又遇到了那个老人。史密斯关切地与他打招呼，并询问道："你的女儿的救命恩人找到了吗？""没有，我一直没有找到他！"老人默默地走开了。

史密斯心里很沉重，对旁边的一位司机师傅说起了这件事。不料那师机哈哈大笑："他可怜吗？他是我们公司的总裁，他女儿落水的故事讲了好多遍了，事实上他根本就没有女儿！"

"噢"史密斯大惑不解。那位司机接着说："我们总裁就是通过这件事来选拔人才的。他说过有德之人才是可塑之才！"

史密斯兢兢业业地工作，不久就脱颖而出，成为公司市场开发部总经理，一年为公司赢得了3500万美元的利润。当总裁退休的时候，史密斯继承了总裁的位置，成为美国的财富巨人，家喻户晓。后来，他谈到自己的成功经验说："一辈子做有德之人，会赢得别人永久的信任！"

世间技巧无穷，唯有德者可以其力，世间变幻莫测，唯有人品可立一生！这就是作为一个成功人士或希望成为一个成功人士应该具备的优秀品质。

具体到上面的故事，面对老者的"错认"，史密斯完全可以"将错就错"，反正这是一桩好事，况且又是老者主动认自己为女儿的救命恩人的，自己完全可以接受这一美誉，此事也可能给自己的求职助一臂之力。然而，正直、诚实的史密斯却没有这样做，他一口否认了这个事实，由此也凭着高尚的德行征服了公司的总裁，最终脱颖而出，不断升迁，直至登上公司最高位置。

由此可见，在追求成功的道路上，做人的重要性、道德和重要性、人品的重要性有多大。如果当初史密斯昧着良心将美誉安到自己身上，也就不可能跨进那家数码影像有限公司了，更不可能成为公司的最高领导了。

《左传》记载:"太上有立德,其次有立功,其次有立言,传之久远,此之谓不朽。"意思是说:最上等的是确立高尚的品德,次一等的是建功立业,再较次一等的是著书立说,如果这些都能够长久地流传下去,就是不朽了,此处所说的"立德",便是指会做人,拥有好人品。

好人品是人生的桂冠和荣耀。它是一个人最宝贵的财产,它构成了人的地位和身份,它是一个人信誉方面的全部财产。好人品,使社会中的每个职业都很荣耀,使社会中的每一个岗位都受到鼓舞。它比财富、能力更具威力,它使所有的荣誉都无偏见地得到保障。

品行不佳的人,在这个世界上会丧失很多机会。管理学上有一种"中庸"理论,意思是说:任何一个想要稳步发展的组织,都要划分出三个档次,首先是德才兼备,其次是德高才中,最后才是德才中等,唯一不可用的是有才无德的人,因为这样的人极其危险。正如《三国演义》中的吕布,能征善战,英雄无敌,但品格低下,先认丁原做义父然后杀丁原,后认董卓做义父然后杀董卓,最终被曹操抓起来,再也不敢用他,只得把他杀掉。

人生道路,不管你是用人还是为人做事,都要牢记"做事先做人,拥有好人品"这句箴言,好的人品将有助于你走上成功之路。

魔力悄悄话

好人品是人生的桂冠和荣耀。它是一个人最宝贵的财产,它构成了人的地位和身份,它是一个人信誉方面的全部财产。

学会做人

有位哲人说过：做人的极致是平淡。

做人需要我们穷尽一生的时间来学。在我们成长的路上或是人生任何的时刻，都需要不断地去校正自己的律行，让自己以善美的心姿融入生活的舞台上，赢得社会、生活、他人的信赖。

从我们来到这个世上的那一刻起，我们就已经用纯净的心灵来感受父母的身传言教，耳濡目染种种关于人的行为。当然父母的教育是最好的榜样，是他们把做人的善良、宽容与对生活的爱，一点点的浸染了我们全部的身心；及至上了学，又得到老师们关于做人更深层次的教育，让我们读懂了做人的道理，处事的哲学。这一阶段对我们整个的人生都大有裨益，因为知识让我们有了做人的资本和识别真伪的能力，也让我们懂得了什么是人生。有时候，做人也让我们颇费思量，诚如哲人所言，做人的极致是平淡，但真正能做到这一点的又有几人，因着人的欲望、道德、修养、自身素质的不同，人也不尽相同，人以群聚，物以类分，就很能代表这一点。

魔力悄悄话

生活需要我们不断地学会做人，但做人有时候却让我们在生活中永远也读不懂它。这就要我们一生都要学习，最终仍是要做到善良与平淡才是最真。

第十一章
做内心成熟的人

  成熟的人们尊重自己,也尊重别人。年轻的我们有时太想得到别人的肯定而不肯放弃自我中心,一旦被忽视或者冷落就觉得受了委屈。成熟的人们清楚自己的价值在哪里,不需要别人围着自己来实现自我肯定。但是他们也有自己的原则,在需要的时刻决不让步。他们有个非常健康的自我。

  成熟而且有趣的人他们理性,宽容,从容,可是永远保留着爆发的能量。他们保持着对世界的好奇心,永远在学习。他们不轻易动摇,但是永远准备着倾听不同的意见,理解不同的人生。

成熟让人坚强

世上有容易的事情做,所以我们常常就会放弃艰难的事情,可偏偏是艰难的事情才可能让我们与别人有所区别。每一次选择,都代表我们放弃了其他的选择,投资的时候,要把眼光放远。生活的强者,和成绩或者成功无关,只关乎心灵,还有意志。成熟的人们尊重自己,也尊重别人。

任何一个完美计划,都有昂贵的代价。亲爱的野心勃勃的你,你想做的是钻石,你可知道,经过反复地、剧烈地、常人不能承受的打磨之后,那块石头才会被叫作钻石。因为打磨和切割的面越多,钻石的光芒就越耀眼。你是否经历得起那些挫折和委屈?

或许当我们出生的时候,已经被给予了这种或者那种的才能,那种可以让我们真正乐此不疲的事情,为此付出无数却还乐呵呵的事情。

这种才能和现在普通的沉溺有一个区别,那就是,普通的沉溺是一种消耗,对你毫无营养,让你黯淡,变成庸人,不过是打发时间,固然在当下是快乐的。而那种可以让你激发才能的事情,却是让你发光的,让你再做这件事情的时候感觉到自信和自如,固然有挫折也阻止不了你的追求,简直像一场一见钟情厮守到老的爱恋。

我们的人生有很多的阶段,每个时间段都可以做各种各样的事情,这些事情也未必都是坏事,都可以带给我们各种各样的收获。我们需要在最恰当的时候做最合适的投资,人生才会满满当当,只赚不赔。而且,赚或者不赚,未必是用数字去做衡量的。

没有什么外界的规范可以让这些心灵强大的人停止对自己生活的追求,年龄不会是界限,虚荣不会是障碍,名利更不是他们想随身携带的东西。什么时候该做什么事情,他们自己说了算。

信任力——一片冰心在玉壶

他们从来不讨厌自己眼下的生活和工作,但是他们要实现的理想和目标,也从来没有忘记。

年轻的我们有时太想得到别人的肯定而不肯放弃自我中心,一旦被忽视或者冷落就觉得受了委屈。成熟的人们清楚自己的价值在哪里,不需要别人围着自己来实现自我肯定。但是他们也有自己的原则,在需要的时刻决不让步。他们有个非常健康的自我。成熟而且有趣的人他们理性,宽容,从容,可是永远保留着爆发的能量。他们保持着对世界的好奇心,永远在学习。他们不轻易动摇,但是永远准备着倾听不同的意见,理解不同的人生。

他们对自己的选择负责,他们也许抱怨,但是抱怨之后一定有真正的行动。他们一直在练习宽容,他们懂得欣赏不同的美和生活方式。懂得享受,也能够克制。

他们在世界这片汪洋大海里游泳,偶尔也被人生选择和人际关系之类的波浪呛到,时不时地发生一些小意外,他们知道那是人生常态。就算眼下有些狼狈,重要的是继续游下去,前面有风景等着自己。

魔力悄悄话

成熟的人们清楚自己的价值在哪里,不需要别人围着自己来实现自我肯定。但是他们也有自己的原则,在需要的时刻决不让步。他们有个非常健康的自我。

经历是一种财富

人生有许多的经历。一个人的经历有多有少,有浓有淡,有顺有逆,有成有败,喜怒哀乐愁尽在其中。

经历,有的刻骨铭心,终生不忘;有的如烟似雾,过而无痕。

所有的经历都是人生旅途中的足迹,都是生命过程,都是一种财富。如果说人生是一部书,那么每一次经历就是书中一段故事或一个篇章。它既可以自己翻看,又可供别人参阅,对谁都有启迪、警示的作用。

经历像一枚干果,果虽不鲜,其味依然,什么时候都有嚼头。人要善于咀嚼这枚干果,可从中弃扬出一种新的精神、新的喜悦、新的人生境界。

人,忙忙碌碌,来去匆匆。无论忙什么,做什么,都是经历,体会的都是生存的滋味,获取的都是人生的成果。经历是任何人理解任何一个道理都离不开的物质基础。

人生的色彩不是枯燥无味的单一色,而是赤橙黄绿青蓝紫的七彩图。生活不是一种味道,经历不是一种模式。有的经历如履平地,有的经历似登高山。

"登山"难,但这是命运之神赐给我们的礼物——一次练砺的机会,我们应庆幸,欣然笑纳。不要因难而沮丧,而腿软。"登"上去,无限风光在顶峰。人生定会多一分诚实,多一笔重彩。

平庸的生活,固然没有炼狱的煎熬,过得顺畅、安逸,但单调乏味,色彩浅淡而单一,生命空瘪而无光。

生命就是一场永无休止的苦役,不要惧怕和拒绝困苦。超越困苦,就是生活的强者。所以,在人生旅途上,横的竖的都是路,哭的笑的都是歌。高山平地都要走,苦辣酸甜都要尝。

信任力——一片冰心在玉壶

有丰富的经历，才有丰满的人生。

经历过险恶的挑战，生命有高度；经历过困苦的磨炼，生命有强度；经历过挫折的考验，生命有亮度。

魔力悄悄话

任何经历都是一种积累，积累得越多，人越成熟。经历得多，生命有长度；经历得广，生命有厚度。

淡定是一种品质

淡定,是一种品质,一种处世哲学,一种生活态度,也是一种人生境界。

人生有如在漆黑险峻的山路上攀登,时常与危险、迷茫为伴。于是,那些希望达到顶峰的人们,就迫切地需要一束月光、一盏明灯、一丝星火,抑或一切能够带来光明的事物,以便照亮他们未知的道路。

放眼历史长河,那些叱咤风云的英雄豪杰、先贤智者,无论经历多少辉煌,无论外表何等风光,在他们心中始终会抱有一块淡定的净土。那是灵魂的圣地,是自我的天堂。

追求淡定的人,在潮起潮落的人生舞台上,举重若轻,淡定自若、荣辱不惊!尽管生活把岁月刻在了他们的脸上,也刻在了他们的心里,但他们总是以淡定从容的态度面对人生,以一份洒脱娴静的心态来面对喧嚣的红尘。

淡定不同于淡漠,也不同于消极。它是一种平和,一种从容,也是一种原则,一种品质。平淡地对待得失,冷眼看尽繁华,畅达时不张狂,挫折时不消沉。淡如烟云,定如磐石!这是一种淡然,一种朴实,它不张扬、不喧嚣、不妖艳,不再作年少时的无病呻吟,不再有不切实际的幻想,不再会手高眼低的去投机。这种"淡"是一种脚踏实地的平实,它丰富而不肤浅、它恬淡而不聒噪、它理性而不盲从。只有这样,才能生活得快乐满足。

拥有一份淡定,在困难面前,就会坚定沉稳;拥有一份淡定,在是非面前,就会洁身自好。

对名利淡定,便没有了绞尽脑汁的夺取;对金钱淡定,便失去了贪恋财物的眼神。

其实,生活中处处需要我们的淡定。

错过了太阳,要对其淡然,否则你将失去星星和月亮。同样,错过了一次机会,也不要垂头丧气,淡淡地面对它,努力抓住下一次机会。也许,这就是"人生如水,越淡越真"的真谛。没有怨恨,没有狂傲,也没有戾气、压抑和不满足,而是时时倾听内心的呼唤,面对真正的自己。

只有在懂得了"淡"的内涵后,才能够变为滋润万物的水,为世界,也为自己带来希望的甘霖。

人是最感性的动物,在这个竞争激烈的社会,该寻找一种怎样的生存方式来适应自己?西哲蒙田曾告诫人们:"最艰难之学,莫过于懂得自自然然过好这一生。"自自然然过好这一生,对我们每个人来说,是看似平易却很艰辛的一课。

风行水上,自然最好。庙堂之高与江湖之远,艰难之日与得意之时,生命的过程,都应当淡定如白云,从容如流水,能达到如此境界,真正做到:自自然然最真,淡定从容最美。

落花无语,留香阵阵,人生就像一条河流,顺流逆流都只是一个过程,结果都会汇入大海变成汪洋。

可以说,淡定是一种境界,这种境界也许难以企及,但是至少我们应该走在追求这种精神境界的道路上。不再刻意地追求成功,追求辉煌,而是将自己化作淡定的水,用全部的生命和信念,用高贵的淡定和从容,谱写生命的华章!当你的心中真正拥有了一份淡定,你还怕自己不能攀上人生的最高峰吗?

魔力悄悄话

追求淡定的人,在经过世事的纷乱和跌宕起伏的人生之后,在人生的历练中涵养出了一份淡定从容的定力。

一切尽在加减之中

其实，在很多时候，是需要减法原则的。有时，放弃看似一种失去，实则却是一种大智慧。放下才能更好地获得，放下才能让心灵空出来，自由轻松地呼吸。这样，真正的快乐与幸福就会随之而来。

人生本身就是一道简单却又充满魔法的算式。说起简单，也不过就加减两种运算；说其有魔法，就是人生这道题目，不管你运用何种算式，怎么运算，到头来最后的得数只能是零。人生本来就是一场虚无，就是一种过程而已。然而其中的过程却承载了每个人所有的幸福与苦痛，快乐与烦恼的多少却取决于算式的运用。

每个人出生时，都是一张洁白如雪的纸张。然后，随着成长与成熟，渐渐对外界的需求也日益增加。一岁多的孩子，已不仅仅满足于吃得饱、睡得舒服了，他也需要随时与人进行沟通。会走了，知道玩了，需求也就更多了。成人了，需求的范围也就更广了，追求的砝码也就更重了。这就是人生的加法，每个人都要经历这样一种加法的运算。

往往，人欲望的沟壑是没有深浅的。当人的欲望越多，心灵承载的东西也就越重。名誉权利的追逐往往使人迷失方向，却又乐此不疲。每满足一样欲望，都会获得暂时的快乐，之后，又不得不投奔于下一场追逐之中。如此反复，如此轮回，如此乐此不疲，如此欲罢不能。到头来，对于那获得之后暂时的快乐也就渐渐麻木，对生活失去了日益敏锐的触角，生活最真实的快乐与幸福早已擦肩而过。终有一天，或许才会恍然顿悟，最终还是一无所有。

这就是很多人生存的加法原则。这种原则下的人生，是各种光环照耀下虚幻的人生。人性深处都有一种劣根性，欲望越多，人就越累，就越不容易满足,越易被诱惑。人们都喜欢一味地获得,抓住了,就舍不得松开手,就和孩子一样。

张爱玲曾说,人生就是一袭华美的袍,上面爬满了虱子。正是如此,我们才要在生活中适时地学学减法。

其实,在很多时候,是需要减法原则的。有时,放弃看似一种失去,实则却是一种大智慧。放下才能更好地获得,放下才能让心灵空出来,自由轻松地呼吸。这样,真正的快乐与幸福就会随之而来。

会减法的人生,表面上看着平平淡淡,没有一些人那样风光无限。然而,在他们内心,却拥有着一种沉甸甸的满足与幸福。他们是智慧的,因为他们清楚地知道自己想要什么,什么可以让自己的身心更充盈、更加平实。

而立之年,不惑之年,这时,更应懂得减法原则。不妨在名誉权利上多些减法,在身体锻炼与个人情趣上多些加法。不妨给自己说,我必须健康,我要看着孩子们幸福,多好!

一切皆在加减之中,加减就在瞬息的闪念之间。

魔力悄悄话

人性深处都有一种劣根性,欲望越多,人就越累,就越不容易满足,越易被诱惑。人们都喜欢一味地获得,抓住了,就舍不得松开手,就和孩子一样。